U0151156

1 小时读懂园林

[英] 洛林 · 哈里森（Lorraine Harrison） 著
江 婷 译

本书用简单易懂的语言对世界各地的园林的建造理论、立意、组景、建筑、植物等方面做了较为通俗的介绍，让您迅速理解不同时代的园林精髓和文化内涵；一目了然的设计理念分析，让您迅速看懂杰出园林的独特之处，感受艺术与生活的真谛；图文并茂、板块清晰的排版方式，摆脱了传统科普书籍的沉闷枯燥，打造轻松快捷的阅读体验。无论是对园林设计感兴趣的入门者还是园林设计方面的从业者，这本书都能满足您的审美需求，成为您全面了解和欣赏园林的指南。

How to Read Gardens/by Lorraine Harrison/ISBN: 978-1-78240-603-7

北京市版权局著作权合同登记　图字：01-2020-3373号。

图书在版编目（CIP）数据

1小时读懂园林 /（英）洛林·哈里森（Lorraine Harrison）著；江婷译. — 北京：机械工业出版社，2023.1（2023.12重印）

书名原文：How to Read Gardens

ISBN 978-7-111-72181-9

Ⅰ.①1…　Ⅱ.①洛…　②江…　Ⅲ.①园林艺术－研究

Ⅳ.①TU986.1

中国版本图书馆CIP数据核字（2022）第233162号

机械工业出版社（北京市百万庄大街22号　邮政编码100037）

策划编辑：黄丽梅　　　　　责任编辑：郑志宁

责任校对：张昕妍　梁　静　责任印制：张　博

北京利丰雅高长城印刷有限公司印刷

2023年12月第1版·第2次印刷

145mm×200mm·7.5印张·2插页·142千字

标准书号：ISBN 978-7-111-72181-9

定价：69.00元

电话服务　　　　　　　　　网络服务

客服电话：010-88361066　机　工　官　网：www.cmpbook.com

010-88379833　机　工　官　博：weibo.com/cmp1952

010-68326294　金　　书　　网：www.golden-book.com

封底无防伪标均为盗版　　　机工教育服务网：www.cmpedu.com

前　言

我很幸运能够在西辛赫斯特城堡里长大，这里是一个游人如织的著名园林，但对我而言却具有私人意义。尽管我已经在这座园林里生活了几十年，但还是无法找到一个能比月光下的白色花园更美丽的地方。从 6 岁起，当我的手可以沿着修剪整齐的羽毛状的树篱顶部挥舞的时候，我就开始爱上这个空间里的气味、触感、视野和纯粹的感觉。

我的祖父罗德·尼科尔森负责规划设计，我的祖母维塔·萨克维尔西负责种植，西辛赫斯特城堡花园是他们共同取得的园艺成就，并鼓舞了全世界。西辛赫斯特是一个充满惊喜的地方，有着不同主题风格的园林空间，每一个空间都专注于某个特定的颜色或是特定的开花季节。了解任何一座园林所能获得的美感犹如重读一本深受人们喜爱的书，人们期待着回到熟悉的页面，并徜徉在深深喜爱的段落中，同时期待着去发现以前从未有过的新的、不同的视角。所以，本书非常适合充当一位友好的私人向导，陪同游客参观一座园林，无论该园林是历史的或现代的、公共的或私人的。在参观园林的过程中，作者用专家的眼光引导园林爱好者学会通过认知他们所看到的景物来提高他们的鉴赏水平。

我的父亲在西辛赫斯特城堡南侧平房中有一个写字台，可以直接看到这个花园。他总是喜欢把开花季节的西辛赫斯特城堡比作五幕剧，当橙色、黄色和红色的花草透过窗户开始竞相绽放时，对置身其中的人来说，就如同得到了这一年度大戏的前排座一样幸运。从 2 月开始，当一些雪花莲从泥土中悄悄地探出头来时，这部迷人的花园剧也缓慢地拉开帷幕。先是春天嫩绿的美丽，紧随其后的是盛夏满眼玫瑰的绽放，然后是暮秋缤纷的色彩，在冬的寂静中闭幕。

朱丽叶·尼科尔森

2010 年 1 月

目 录

CONTENTS

INTROD

概 述

参观园林变得前所未有的流行，但有多少人能够真正理解在一座美丽的园林中漫步时所看到的一切？它是一个原始景观还是再创造的？种植植物是原生种的还是现代杂交而成的？台地是意大利风格还是英国工艺美术运动风格？穿过树林隐现的废墟又是什么？

事实是，不论什么年代的园林，大多数就像一本重写的剧本：随着时间的推移，一代又一代人改变、适应并影响了这个地方的软质景观和硬

威里比公园，墨尔本，澳大利亚

观赏性花坛和修剪整齐的草坪是欧洲园林中常见的两大要素，这在由托马斯和安德鲁·奇恩赛德设计的、墨尔本郊外的 19 世纪宅邸花园中得到完美体现。

UCTION

质结构。意料之中的是，我们如今漫步的许多园林是不断变化的时尚和社会环境影响下的混合产物。园林景观可以记录一个家族的兴衰；可以通过引进外来植物，记录人类的精神探索；还可以展示几代人为了使一块土地变得独特而付出的努力。

本书是一堂指导读者如何认知园林的速成课，而并非按时间顺序排列的造园史。它会帮助你定位和分辨历史的影响、起源和风格以及天马行空的设计构思。本书还通过很多来自不同文化和国家的园林照片，展现出高端的品位以及园林景观的多样性。同时，详尽的插图通过展示特定园林，来说明具有共通性的值得关注的特征和细节。这种组合方式可以教会读者掌握一种视觉语言，以此解释用于创建美丽园林的诸多不同的设计元素。

本书将为读者提供所需的知识，以便梳理出一条条过往园林故事的线索。从最宏伟的庄园到最不起眼的郊区小花园，本书将使你即将游览的每座园林变得更生动、更亲切，最重要的是会给你的游览增添无穷的乐趣。

无处不在的玫瑰

玫瑰，无论是不是杂交，它们的绚烂色彩和长长的花期以及有着醉人香味的古老品种，都始终有一种持久的吸引力。

INTROD

概述 • 园林参观史

在 21 世纪，游客可以沿一条成熟的路线参观园林，这种令人愉快的活动有着悠久的历史。1640 年，路易十三开放了他在巴黎的皇家植物园（现在的巴黎植物园），并出售柠檬水给口渴的游客。18 世纪，大量关于意大利文艺复兴时期园林的指导手册出版发行，满足了大批对文化如饥似渴的游客。在同一时期，衣着得体的路人被允许进入英国的贵族住宅自由参观，园主不仅给他们提供一次观光机会，还会介绍有关住宅和花园的简史。

柠檬

19 世纪，温带地区富有的园林主人已经可以拥有柑橘类植物，因为他们有能力建造和维护专业玻璃温室。

现在向公众开放的园林，大到历史悠久并有园艺专家团队管理、运营的宏伟历史遗址，小到一个有着狂热园林情结、一年中慷慨地打开大门几天以资助慈善事业的主人的私家园林。和过去一样，游客的身份和花园种类一样丰富，包括植物学家、建筑历史学家、业余爱好者和散步的路人。

越是著名的园林其受影响程度也许越严重（西班牙的阿尔罕布拉和英国的西辛赫斯特城堡花园立刻在脑海里闪现）。因为我们为看到这些美妙景点所支付的门票费用，影响了参观的心情。另外，由于参观人数众多，脚下的草皮也遭到踩踏而退化了。因此，可以考虑一个折中的行程安排：除了常规的著名园林，在日程中可以适当增加一些低调、不太知名的园林（但是同样能够带来启发）。

除了给园林本身带来的损耗，大批游客游览园林的路线也需要事先规划，所以需要提前了解如何去接近和欣赏园林，这始终是园林规划中一个需要精心思考和策划的内容。可悲的是有太多的咖啡店、商店和售票的需求打破了原有的美好设计！

伯内特纪念馆，中央公园，纽约州，美国

温室花园是中央公园唯一的规则式组成部分。青铜喷泉用来纪念儿童读物作家弗朗西斯 · 霍奇森 · 伯内特

INTROD

概述 • 确定园林的年代

园林的年代问题经常引起争论，甚至会使最博学的园林历史学家感到迷惑。一座园林的很多部分由不断变化的“内容”构成，如树木、植物和水体，所以很难确定它完成的具体时间。园林处在不断变化的状态中，比如植物随着季节更替而不断生长变化，最终不可避免地死去。再加上园林继承者们新的需求以及时尚的新变化，使得这个问题进一步复杂化！

欢乐园

在过去的几个世纪里，园林作为休闲、娱乐和安静思考的场所而得到大家的喜爱。

现存最早的关于园林布局的记录来自古埃及。当然，这不代表在这之前不存在园林。我们所定义的“园林”已经出现了上千年，而且出现在世

UCTION

界上不同的地区。可以想象一下它们之间有多大的差异，因此，确定园林的年代就成了越来越重要的问题。为了简化问题，你可以尝试认真地观察眼前的园林，问问自己：这是新建的吗？如果不是，这座园林存在多久了？如果它严谨地保留着历史风貌，它是当时的原始设计还是后来的再创造？这座园林随着时间的演变，是不是受到了不同风格的影响？

事实上很多园林建造者的设计相当混杂，他们会肆意杂糅各个时期和地方的设计元素与形式，通常很少关注其连贯性。从这个角度分析，没有几个园林是“纯正的”和“原貌的”。法国人用来形容 18 世纪英国景观公园的术语“英中园林”/“英华园庭”，正是这种混乱的一个完美的例子！

还要记住，对于一位园林设计师来说，艺术效果以及高超的园艺技巧比历史的准确性更为重要。所以你可能会发现，在 17 世纪园林布局的骨架上有着现代杂交植物。也许本书可以使游客意识到园林中明显存在的许多历史的和风格的趋势，但不必过分关注真实性，因为就其本质而言，园林是有生命的、不断变化的实体。所以，最重要的是享受和欣赏所有你参观的园林，不管它们是什么年代的！

装饰瓮

在一座大型园林中，装饰瓮的风格和用于装饰的材料选择通常取决于主体建筑的年代和结构。

TYPES OF GARDEN

园林的类型 · 园林的用途

园林的建造初衷很多，它们并不都是为了实用或观赏目的，而且园林类型繁多，经常让访客感到混淆和迷惑。一座园林的建造目的深刻地影响着其外观，所以，当置身于一座园林中，我们首先要问：为什么建造这座园林，为什么这座园林会出现在这里？园林可以实现许多不同的功能：可以展示财富、权力和地位；可以表达神学和哲学思想；有些园林能够产出食物或药物；还有一些园林是学习科学知识的宝库。当然，大多数园林只是简单地通过美景和香味，就能够给人们带来巨大的乐趣和享受。

凡尔赛宫，巴黎，法国

凡尔赛宫宏大的规模和形式宣示着，这是一座真正的大型园林。其建造目的之一是让人感到震撼，另外也彰显了几代宫殿主人所拥有的绝对权力。

曼斯特德·伍德，萨里郡，英格兰

传统的英国乡村别墅园林已经成为被参考或借鉴的经典风格，它的意境有利于娱乐和休闲。这种园林的布局和建筑紧密联系，植物种植采用自然式配置，打破了成行成列的方式。

棕榈屋，美泉宫花园，维也纳，奥地利

棕榈屋是世界上重要的植物园和科研温室之一，被认为是园艺世界的博物馆。这座有着巨大的玻璃圆顶的温室中保存着各种珍稀植物，具有很重要的生态意义。

新渡户纪念花园，温哥华，加拿大

日本园林的风格在许多国家都产生了影响。日式主题空间经常被纳入大型的园林景观中，如公园、植物园。它们可以给大公园提供别样的氛围，增添新的视觉感受。

费尔布里格厅，诺福克郡，英格兰

蔬菜园、水果园或草药园虽然常常富有吸引力，但它们的主要功能还是供应食物或药物。这样的空间主要是辛勤劳作的地方，而不是为了取悦游客或给游客留下深刻印象才向来访者开放的。

宫殿园林、政府驻地园林和大型私家住宅园林，同他们周围的建筑物一样，其设计的目的是令人感到震撼，并留下深刻印象。因为当时的土地资源是昂贵和稀缺的，只有少数人才能购买昂贵的农场或土地，用来建造美丽的花园，因此，花园的范围总是被充分扩大，以通过尺度和体量来彰显花园主人的地位。

埃斯特庄园，蒂沃利，意大利

意大利文艺复兴时期园林设计的复杂性、精细度和规模，与家庭小庭院形成鲜明的对比。

入口

建筑的入口至关重要，处于入口的花园在这里起着关键的作用。注意一些明显的建筑元素：门卫房、小屋、饰有纹章的华丽大门。此外，还有长长的林荫道和行车道。

劳动

大型园林需要小型军队一样的工人团队来维护它们的景观。大面积草坪的精心养护以及花坛的精心栽种，都是劳动密集型的工作，也需要较高的专业技术水平。拥有一个相当规模的园丁队伍也是另一种财富的象征。

功能

一座浪漫的废墟可能看起来有趣且有吸引力，但并没有实际用途。而亭子可以既漂亮又能遮风避雨，因此是有功能性的。当然，无论是对园林还是建筑而言，“不实用”的特征属性越多，越显示出主人的富有。

装饰

注意园林中装饰性特征的数量和质量。精美的雕塑、巧妙的建筑结构、功能齐全的喷泉、独特的瓮罐以及精心摆放的家具都显示出园林主人倾注在园林上的心血与极大的花费。

宝尔势格庄园，威克洛郡，爱尔兰

人们享受在美丽的花园或公园中悠闲地漫步、穿行，古往今来，概莫能外。人们对开放的绿色空间，引人入胜的景色和清新的空气，有着永恒的渴望。

欢乐园，或称快乐地，从 18 世纪中期起风靡欧洲。这样的空间与社会群体的互动与享乐息息相关。通常采用有利于娱乐和休闲的折中式建筑风格和不规则式的布局与种植方式。不同的区域可以用来满足不同的功能需求，如演奏音乐、游戏、品尝茶点以及最重要的散步功能。这种设计理念随着 19 世纪公共公园的设立而逐渐被大众所接受，这个所谓的“公共空间”的概念时至今日仍然很流行。

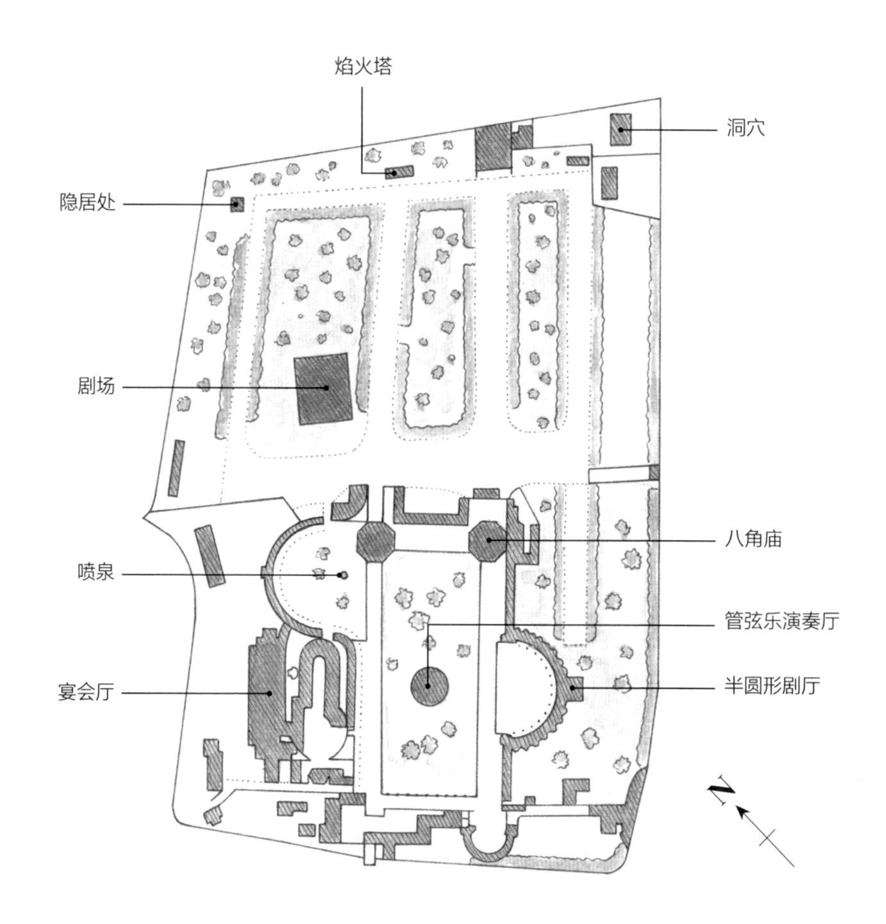

沃克斯霍尔花园平面图，伦敦，英格兰

沃克斯霍尔花园是 1661—1859 年间盛行于伦敦的一座商业娱乐园林。在许多方面它都为随后的公共空间设计树立了典范。由于入场费用适中，使得社会各阶层都能聚集在此享受各种娱乐。家人和朋友在花坛边漫步，在草坪上野餐，或者在特殊的剧院风格的包厢里更正式地用餐。音乐剧、戏剧和杂技表演都特别受欢迎，还有壮观的焰火表演，所有这些都是在园林背景下欣赏的。

虽然“乡村居所”的概念时时处处都有，但19世纪的英国乡村别墅及其附属花园才是这个概念的最好诠释。在许多人看来，对比城市里的工业用地，“乡村”被赋予了更卓越的品质。富人购买或建造了大量的乡村别墅，他们在房子周围清静的花园里玩耍、娱乐、亲近大自然。注意房子和花园是如何呼应的，他们经常使用相同色调的本地材料，种植也不是那么规整，一般使用本地植物。

花园别墅，德文郡，英格兰

通过精心控制的、甚至有时是相当刻意的方式，乡村花园旨在对自然景观进行补充和效仿。

景色

经常通过“借景”设计，把周围景观引入到园林里。园林与自然之间融合过渡，而不是像在城里那样，用高高的围墙、树篱或栅栏进行明显区分。

待客

乡村的社会规则更为松散，着装不必太正式，园林也是如此。人们更喜欢在户外就餐，因此，摆放桌子和椅子的地方很多，往往在房屋旁的走廊上就有很多舒适的椅子。

游戏

在乡村别墅里举行的聚会一般围绕运动和游戏展开。你会发现许多专门用于游戏的场地，如网球场、槌球草坪、保龄球场以及灌木林，还有漂亮的马厩或车库。

田园风格

乡村花园的装饰设计往往比正式的场地设计更有趣。田园风格的建筑物、家具和篱笆在乡村花园里似乎特别合适。你会发现很多使用木材和砖而不是石头的建筑。

庭院可以造型各异，但面积不会有太大差异：大多数都很小，一些可能会比阳台或后院大不了多少。出于安全、隐私和礼节等问题的考虑，往往会把庭院的边界作为与外界的分界线。漂亮的庭院往往可以作为各种实验性质的示范和练习，因为家庭主花园经常需要同时满足各种功能需求：作为孩子的游憩空间，放置兔笼，充当鱼塘、温室、大棚、菜地，有时还要养护花卉和种植灌木。

小而美丽

在寸土寸金的空间里，少即是多。如图所示，节制和有些极简主义的设计特别适合小庭院空间。

空间

小花园强调垂直空间的利用，如玫瑰和倒挂金钟，就是以节省空间和增加高度与趣味为标准种植的植物，同样的例子还有种植在网格和藤架上的攀缘植物。

植物

尝试去寻找一座小庭院的统一感，注意在常青树的背景结构上如何利用有限的花来获得某种意义上的宁静，而巨大的造型类枝叶则提供了丰富的层次。

细节

园林里常见的元素如大门、围墙、边饰和种植盆很少是定制的，而是大规模生产并以成千上万的数量销售的。图中这种门经常出现，它一度在英国郊区花园中很是流行。

装饰

与设计较大的园林相比，庭院的设计者更不受传统的束缚。这会导致在庭院中出现迷人的、混搭的装饰风格。

园林的类型 • 意境园林

有些人认为，意境园林或禅宗园林代表了“人间天堂”，有着深厚的哲学与象征意义。这类园林在视觉上非常独特，它们的形式相当简洁，植物布局服务于结构元素。这类园林的功能侧重学识研究和冥想而非感官体验，平衡、和谐和宁静的环境有利于内省和沉思。岩石、水、砾石和植物的设置创造出微型景观，其空间变得具有欺骗性，在这样一个场景中沉思时，人的空间规模感会消失。

南禅寺，京都，日本

在这个枯山水庭院中，用耙子耙平呈直线的砾石代表着静止的水，而耙成曲线的砾石则象征着汹涌的波涛。

岩石

硬质元素如岩石、砾石等是日式园林的关键。精心布置的岩石代表力量、纯净和永恒。碎石被耙成波形模拟水纹。石径蜿蜒贯穿苔藓地。

水景

一座真正的意境园林的水景里通常都有鱼。水池、溪流和瀑布都象征着时间的流逝，桥象征了从这个世界到另一个世界的通道。

植物

意境园林中的植物颜色除秋季时景观树如鸡爪槭变成火红色外，主要是绿色。园林中树木的形状和尺寸都受到严格限制，如图，这种常绿树的树枝被修剪成云朵形。

装饰

传统石灯笼是用来给傍晚进行茶道仪式的客人照亮道路的。它们被放置在园林中最需要光照的地方，如门口、桥旁或小径转向的位置。

有些园林表达了有关哲学、政治、诗歌乃至科学的思想理念。这些由知识驱动的空间深奥、独特的理念具有排他性，只有那些懂得其中隐喻的人才能体会。与其他类型的园林不同，对于这些园林需要考虑的重点是：这是什么？为什么它被放在这里？以及它传达了什么理念？例如，在英格兰白金汉郡的斯托花园中，威廉·肯特布置了受古典主义启示的建筑物，作为对古风价值的赞美，那些位于远处的建筑是哥特式风格的，暗指本地撒克逊传统。

宇宙猜想花园，邓弗里斯，苏格兰

建筑理论家查尔斯·詹克斯在波特拉克之家建造的一座壮观的花园中，探讨了宇宙的实质和混沌理论这些复杂的问题。

装饰

园林的意识形态是很少用花卉装饰去表达的。稀疏的景观设置为建筑物提供了完美的衬托，如这些设在苏格兰邓西尔小斯巴达的刻有文字的石碑。在植物的种植上通常采用自然生长或非规则的方式。

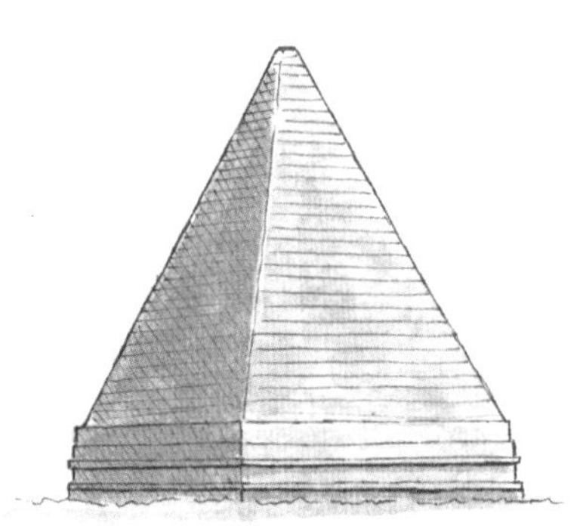

风格

风格是园林叙事的关键元素。在英格兰的约克郡，霍华德城堡中有不同风格的建筑：陵墓是古希腊式的，金字塔是古埃及式的，四风神庙是古罗马式的。

意义

注意，肤浅的表象是具有欺骗性的。法国瓦兹的埃尔芒翁维尔城堡，这座哲学意义极强的城堡是未完成的作品，但它并不是传统意义上的花园废墟。相反，其未完成的状态揭示了人类知识的不完备性。

传统的草药园也称康复 / 愈合花园，是最具有吸引力的花园之一，同时也是最多产和最有用的花园之一。种植草药并应用于医药、烹饪和家庭的做法已经有几个世纪的历史了，最早的草本植物志源于中国。草药园和植物学的发展密切相关。中世纪的僧侣们在简单设置的几何形地块里进行种植，但后来，世俗的花园更加强调装饰性。现在许多大型园林仍然保留着用于种植草药的区域。

美国烹饪学院，纽约州，美国

你会发现草药园通常靠近带围墙的厨房花园，但是很多时候，它们可能因被安排在更突出的位置而更显得漂亮。

布局

草药园里通常把草本植物布局成各种复杂的几何图案。在 15 世纪和 16 世纪，复杂的组合设计在西方很流行，例如用薰衣草和石蚕属植物修剪成整齐低矮的树篱，而我们如今可能更常见到用黄杨属植物修剪成的盒状树篱。

识别

如果你发现了一个个整齐排列、易于辨认的种植台，很可能这就是一个草药园。最初，这些花园是有实际用途的：医生在寻找治疗方法或药物时，需要快速、准确地找到并识别某种植物。

容器

园丁经常像古罗马人那样把植物种在容器中。许多植物物种起源于远东和地中海地区，特别适合于在可以自流排水的盆中栽培，不耐寒的品种在冬季也可以很容易地转移到室内。

高设花台

传统的草药种植在苗圃里，这有助于把草药和用于食用的植物分隔开来。修建高设花台的材料可以是木材或砖，而编织的篱笆围栏则特别适合于中世纪复古风格的草药园。

多数水果和蔬菜园隐藏在离主要住宅有一段距离的高墙后面。从传统习惯上讲，任何在园林中用于实用目的的区域，如水果或蔬菜区域，都要从视线中屏蔽掉。除了美观原因，高耸的围墙可以创造出有利于植物生长的小气候。但随着时代变迁，种植蔬菜的小型厨房花园也变得流行起来，生产性的和装饰性的植物比邻栽植，相互组合成图案，给人们提供视觉和烹饪的双重乐趣。

诺曼比大厅，林肯郡，英格兰

这里的种植台有序地布局设计，道路和建筑非常实用的安排，是 19 世纪有围墙的厨房花园的典范。

圈围

多产的园地在夏天看上去非常漂亮，但其余的季节又会变得空洞和萧索，因此需要把厨房花园屏蔽在砖墙后面。近些年许多古老的厨房花园又开始进行全面的修复。

建筑

种植蔬菜水果的厨房花园需要人力和设备进行生产，所以总会看到一些建筑物与花园连接或设在附近，如工具房和盆栽棚，特别是种植柔弱的热带水果需要建温室为其提供特殊的生长环境。

布局

为了使效率最大化，大型的厨房花园按照严格的几何平面“组织”，是秩序感的典范。在 18 世纪的欧洲，流行风格发生了改变，厨房花园成为生产和劳作的主要场所之一。

小径

需要注意的是，厨房花园里总会有几条横穿其中的小径，其设置是为了提高栽植的效率。小径必须有足够的宽度能让园丁推着手推车轻松通过。这里主要是劳动的地方，而不是休闲享乐之地！

大型植物园遍布世界各地，有着悠久的历史。亚里士多德在公元前3世纪就有他自己的植物园。第一个这种类型的欧洲植物园建立于1545年的意大利比萨，随后其他类型的植物园也快速扩展到整个欧洲大陆。植物园在推动医药和国际贸易的发展过程中起着极其重要的作用。尽管参观植物园是一种享受，但它们的主要功能还是对来自世界各地的植物进行分类和保护。在这些植物园中，人们可以自由地共享知识以及进行国际的学术交流。

帕多瓦植物园，意大利

意大利的帕多瓦植物园创建于1545年，用于药用植物的研究，它保留着象征世界的圆形中央花园的布局。建造高高的围墙是为了防止珍贵的植物在夜间被偷盗。

温室

植物园最普遍的也是最令人印象深刻的是有专业温室，它们的高度允许棕榈树等高大的标本树可以自由生长，而大面积的玻璃窗提供了最大程度的光照。在温室中，温度和湿度也可以精准地控制，从而创造出热带或亚热带的气候环境。

外来植物

在植物园里有大量成组标记着的非原生树木和灌木。这里是鲜活样本的汇聚地。即使在今天，当外来植物在家里和花园中更加常见时，在植物园里，我们还是很有可能会看到从未见过的植物。

植物

在 18 世纪和 19 世纪，植物园为世界各地提供了重要的植物探索机会。许多外来植物被收藏家带回来，比如杜鹃花和杜鹃花属植物深刻地影响着西方国家的公共园林和私家园林的景观效果。

植物标本室

和大型图书馆一样，植物种植机构常设有标本馆。这里有系统整理、收藏的植物标本。已被保存下来的标本通常经过了干燥和压缩的处理。仅仅一个英国皇家植物园里就有超过 700 万个植物标本。

收集植物的方式多种多样，规模最大的要数被称作“植物园”或树木园的地方。同类的还有松林园、灌木园和葡萄园等。植物园的首要目的是收集植物和对植物物种分类，但经常因为审美的原因，植物被分组布置在植物园里。有时为了对植物收集者带回来的特别物种进行人工培养，还需要为其量身定做温室，这样的收藏在历史上曾是彰显财富的一种方式。

韦斯顿比特植物园，格洛斯特郡，英格兰

在 17 世纪，英国开始建造植物园。韦斯顿比特植物园建于 19 世纪 20 年代后期，现在成为英国国家植物园的一部分并向公众开放。

专用的房屋

为了冬季时保持温暖（夏季它们会被搬到外面），柑橘类水果可以被种植在大型温室的罐子里。你也会发现以同样方式“运作”的棕榈树、仙人掌、茶花、兰花和高山植物的专用温室。

植物

如果你发现一种植物被很好地标记分组，它可能属于一个专门的类型。它可以是一块蕨类植物、一种苔藓地、一个坚果林，甚至是石钵里生长的植物！

保护

很多向公众开放的植物园在积极收集和保护植物。国家植物资金以及种子银行承担着保护、发展、传播和记录植物种类的重要工作，同时它们也提供种子给私人种植者。

展示

你可能会发现，植物园热衷于在一个角落里将一种植物设计得很艺术化，如木耳剧院。它是指在一个雨棚式的屋顶结构下，将不同品种的木耳盆栽在多层搁板上陈列展示出来。

一座公园和一座私家园林在视觉上的差异是显而易见的。前者的设计用以满足众多城市居民的各种需求。小径、运动场、网球场、保龄球道、儿童游乐区、湖泊（通常有小船出租）、草坪、花坛、亭廊、古迹是常见的组成元素，而指示牌、售货亭和公共厕所则是基础设施。这些地方的规模往往很大，但植物种植和建筑风格很可能要比一座私人花园更折中化。

海德公园，伦敦，英格兰

海德公园为城市和城镇居民提供了一个重要的实体（以及心理）空间。它是成年人和儿童的重要活动场所。

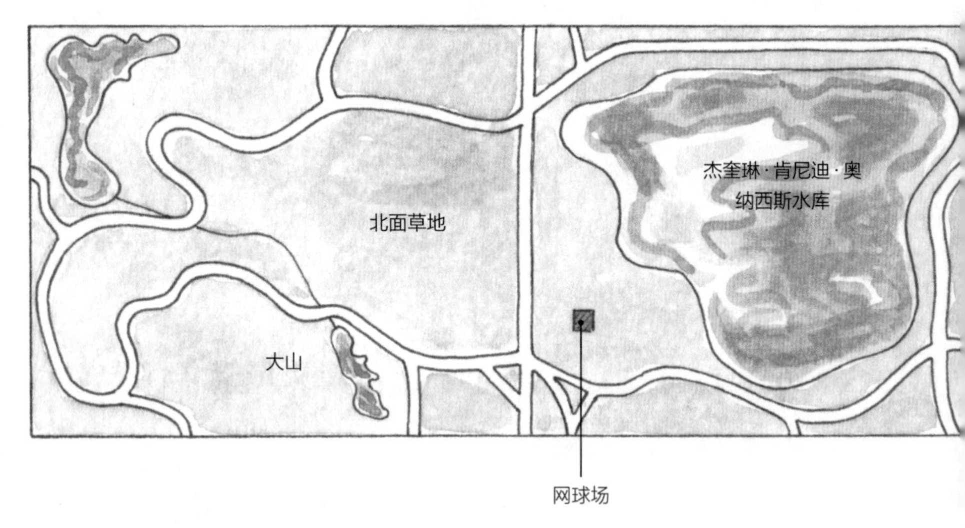

中央公园平面图，纽约州，美国

中央公园是纽约的“绿肺”，是曼哈顿高层建筑中的景观绿洲，于 1859 年启用，由弗雷德里克·劳·奥姆斯特德设计，这是他在参观了许多新型欧洲公园后设计的作品。对他

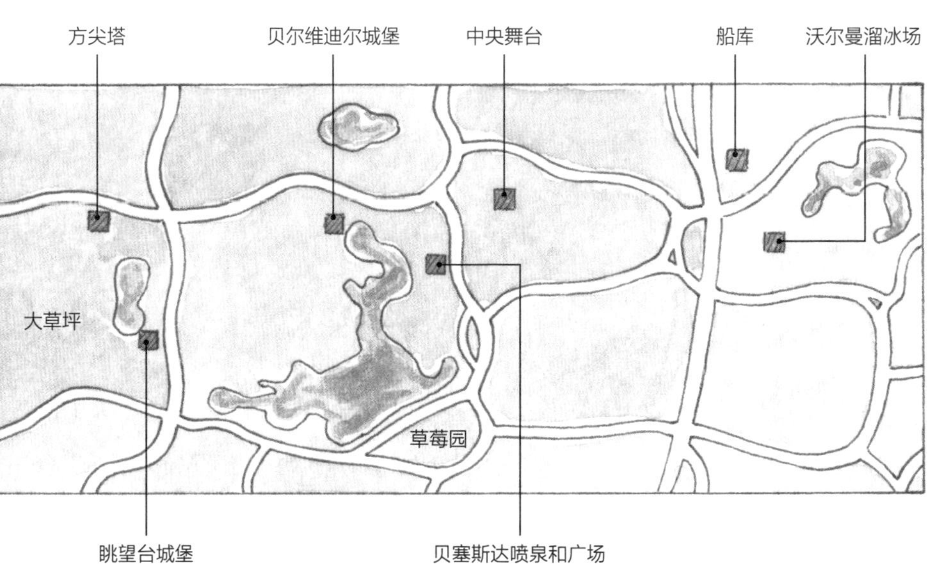

设计的影响最大的两个公园是：利物浦伯肯海德公园和德比植物园。工业革命期间，城镇和城市变得越来越拥挤和肮脏，但这些公园体现了 19 世纪的民主理想，即提供给居民可以进入的绿地，并可以在健康、开放空间中运动和锻炼。

STYLES OF GARDEN

园林的风格·创造外观

园林的风格 • 导言

良好的风格感是园林设计至关重要的因素。对于参观园林的人来说，了解一些历史元素是很有必要的，但准确地辨别出园林的年代可能是件非常困难的事。例如，你可能身处一座后期变成荷兰巴洛克风格的花园，你会说：“这是一种……风格”。然而，一旦确定了它的风格后你可能开始问这样的问题：“这种风格纯正吗？如果不是，为什么选择这种风格？它的建造者想表达什么？”

场所和风格的感觉

一座连贯、风格统一的园林，其种植和设计都应与周围环境协调统一。

功能

背景、功能和风格是构成了一个协调的整体，还是之间相互有冲突？从右图可以看出，这个现代风格的露台中的简洁的家具、容器和种植的植物都显得非常和谐、时髦，完美地达到了设计的目的。

植物

有一些不可忽视的基本元素，如树木、灌木和花卉，可以确定一座园林的风格。如这种具有乡村特色的夏季花卉混合种植是典型的乡村园林的设计风格。

折中主义

做好在园林里经常碰到意外的准备吧！并非所有的装饰结构都符合既定的风格，在园林里总是会有一些创新和个性化的空间出现。但是，折中风格过多可能会使观众感到困惑。

正如任何中世纪早期的遗迹那样，14 世纪和 15 世纪的园林几乎都会被后来的设计所遮盖或破坏，参观园林的人很可能是在欣赏一个二次创作作品或复制品。幸运的是，这些园林的原始风格由于它们的周期性流行而得以保存。这种风格园林的特点是规则式对称，通常有精心设计的比例；有宏伟的花园、护城河、迷宫和螺旋形坡道。其他线索包括有短暂性的气味，如芬芳的花卉和草药——这也是在卫生条件差的时期的必然选择！

查茨沃斯庄园，德比郡，英格兰

早期结园的发展变化在今天许多大型园林中可以体现。此类设计的不寻常之处是建在一个凸出地面的石头平台上。

围挡

早期的私人园林是对外封闭的。不同高度的封闭围栏经常被用作坚实的屏障。有屋顶的大门形成园林入口。后来，篱笆或围墙取代了木栅栏。

结园

结园具有不同形式的特征，其中之一是其框架由低矮的常绿植物组成的微型树篱来确定，用花朵来填充树篱围合的空间。早期的结园是简单的棋盘图案，而后被极为复杂的涡卷形图案所取代。

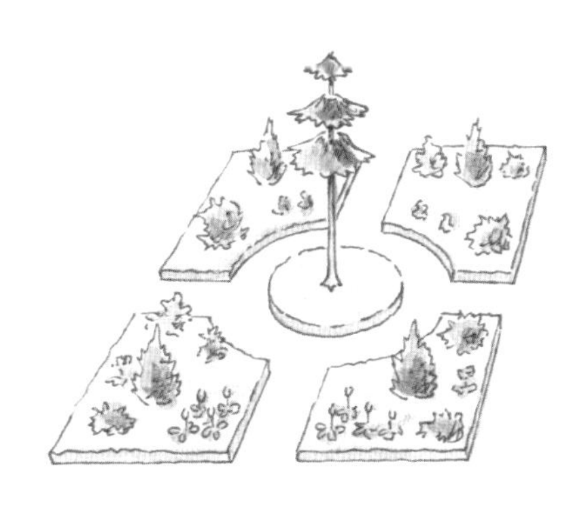

植物

伊丽莎白时期的审美要求植物应均匀地间隔开来，这样可以很好地欣赏单个植物，而不是强调其整体效果。同时，将各个植物之间大片黑色的土壤当作赏花时的背景。

凉亭

在早期的规则式园林中，凉亭的设计包含了几种变体，包括通道和有遮盖的座椅。简单的木制网格做成镂空的墙，也为攀缘植物和芳香植物提供了支撑，使它们的花朵正好处在人眼和鼻子的高度。

意大利文艺复兴时期的建筑师们设计的建筑和花园都是基于对古典理想的复兴，这导致在15世纪末到16世纪初，出现了许多体量巨大、功能强大、复杂精致的大型园林。这些园林的元素包罗万象，设有阳台、凉廊、林荫道、人行道、喷泉、水池、雕塑、迷宫、洞穴、树林、灌木园、花坛、宴会厅及很多设施。这些园林是有象征意义的，众多的元素传递着复杂的视觉信息，一般和典故与寓言有关。文艺复兴时期，英国的园林是以戏剧（如面具表演）等特色娱乐为特征的，但这些特征最终都被景观运动请下了舞台。

兰特别墅庄园，巴尼亚亚，意大利

建于16世纪的兰特别墅庄园，其象征性的设计基于奥维德的《变形记》，代表着人性在黄金时代的堕落。其奢华表现是它的喷泉广场。

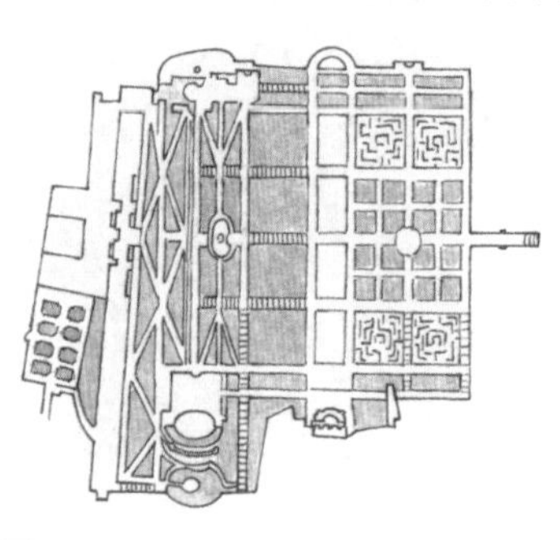

布局

意大利蒂沃丽的伊斯特别墅的平面图显示出其布局的复杂性，这是非常典型的意大利文艺复兴时期的园林。其设计的主要特征是强有力的轴线在各个方向上对花园进行着分隔，以及对称的精美花坛。

水景

利用复杂的水利工程可以创造一系列奇妙的水景，包括喷泉、瀑布以及水上游戏。这类设计不断创新，许多水景里还装饰着代表河神和水仙女的雕塑形象。

洞窟

文艺复兴时期的洞窟通常有一个正式的外观，但内部更像洞穴，这是基于古希腊“仙女居所”的概念，即向仙女们供奉祭品的地方。

园林的风格 • 法式风格与荷兰式风格

法国凡尔赛宫的花园是法式风格的缩影，这种风格直接源自于意大利文艺复兴时期的园林，为了适应平坦的地形，宏伟的设计以广阔的静水和地面图案为特点，大片花坛放置在住宅周围以便于欣赏，长长的林荫道从住宅前延伸出去，通向周边的丛林，和步道相互交叉。令人印象深刻的喷泉、雕塑和栏杆扶手比比皆是。与宏伟的法式风格不同，17 世纪荷兰式的小型园林则呈现出另一番景象：修剪过的树篱、灌木、雕像和谐统一，当然还有水渠和郁金香为其增添了别样风趣。

罗宫，阿培尔顿，荷兰

常常被称作“荷兰的凡尔赛宫”的罗宫，其历史可以追溯到 17 世纪 80 年代。我们如今看到的罗宫是 20 世纪 70 年代重建的。

植物图案

花坛的风格被法国人发展并精细化成花圃。最精致的是刺绣花坛，通常布置在最接近房子的地方，与远处简单的景观拉开很大距离。这一时期大量繁复的阿拉伯风格花纹图案是从重工刺绣的服装上借鉴而来的。复杂的流线设计辅以低矮的箱形鲜花和观叶植物镶边。植物的间隔会用煤灰或沙子等材料耙平填充。

18 世纪英国风景园林是对占主导地位的法式风格和荷兰风格园林的回应。受到克劳德和普桑风景画的影响，著名景观设计师兰斯洛特 · 布朗喜欢把豪华住宅的土地变成理想的自然风景园。典型的风景园一般很大，可能会有一个巨大的不规则的湖泊，草坪一直铺到房子边上，单棵或成簇状的树木被精心布置在园中，带有乡村气息的树呈带状环绕周边，再过去是花境通道。

斯托海德，威尔特郡，英格兰

从 18 世纪 40 年代开始，斯托河在斯托海德被截流形成巨大的湖，宽广的水面是风景园的典型特征。

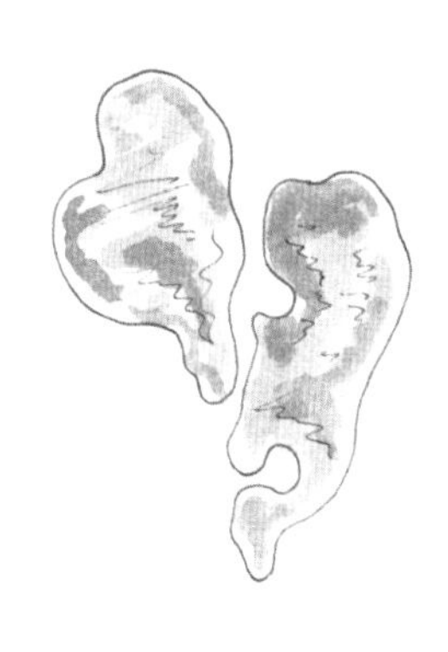

暗墙

与封闭式园林截然相反，风景园省去了边界，园林外的景观成为园林的一部分。巧妙的暗墙可以防止动物接近而又不需要加上栅栏。

水

在这些园林里找不到规则的几何形状水池，园林中大多是在河流上筑坝或隔断巨大的蛇形湖泊形成水景景观。位于伦敦的肯辛顿花园中的湖就叫蛇形湖。园林中偶尔也会有蜿蜒的小溪。

路径

风景园中笔直的、轴线型的道路设计不受欢迎，而曲线形道路受到青睐。曲线形道路蜿蜒地通过草坪和树木一直延伸到“荒野”，目的是引导游客到最佳位置欣赏园林中的各种场景。

建筑

仔细寻找这些作为设计经典的建筑物。最常见的是小型的庙宇，常常用女神的名字命名，如维纳斯庙。通常这些建筑建在一个缓坡上，可以俯瞰湖面，而从对岸看时可以看到水中的倒影。

园林的风格 • 享乐风格的园林

洛可可式园林风格在18世纪晚期的法国、德国和英国广受欢迎。在一种新鲜的游乐氛围下，画意风格运动引领游客穿过园林中的美景，或称为以“图片形式”进行游览，旨在唤起人们特定的情感。在极端形式下，这些景观通过原始、崎岖、壮观的场景，甚至是险峻的深渊，来暗示不羁而崇高的设计思想。混合的折中风格兼收并蓄，洛可可风格呈现出轻松自由、优雅的特点，充满着享乐主义色彩。

佩因斯希尔庄园，萨里郡，英格兰

戏剧性和技巧性相结合的完美典范，仿制的“钟乳石”挂在18世纪的木板、方解石和萤石、石膏灰泥片制成的石洞顶部。

遗址

不规则的、不对称的废墟出现在风景如画的环境中似乎特别合适。它能唤起人们对时间流逝和世事无常的思考。徘徊在倒塌的建筑物前，你会想到一切美景也许只不过是一个虚假的外观！

隐庐

纳入这些园林中的仿古建筑经常被视为画中“隐士”的住所。以往，这些可能是被雇佣的“隐士”，他们飘逸的身影匆匆穿过树林。现在，“隐士”的踪迹已经消失，隐庐也失去了它的功能意义，但简单替代的办法是在园林中设计小茅屋。

洞窟

洛可可风格的洞窟比意大利文艺复兴时期的洞窟更加自然，装饰性更强。洞窟里装饰着复杂的岩石和贝壳制品，有时还有镜子（“洛可可”一词来源于法语的假山和贝壳，所以用这些材料来装饰洞窟再合适不过，也是一大特色）。

结构

洛可可风格的园林通常采用轻巧的装饰性设计。哥特式座椅、中国式桥梁和土耳其式帐篷都是其中典型的元素。这些元素被安排在这种环境里，和它们原有的经典风格相比，少了些严肃感，多了些趣味性。

透克宏城堡，阿伯丁郡，苏格兰

建造这种极度严谨的园林需要很高的手艺、专业知识和持续的维护。即使无法符合每个人的审美，但如此水平的完美度还是会给人留下深刻的印象。

维多利亚时代，花卉园林的形式又重新流行起来，在英国、德国和美国，“移栽”成为热潮。颜色鲜艳的一年生植物新品种从国外被引入，首先在温室中培育，然后再移栽到布置好的花坛里，设计随着季节的变化而不同。这样的形式人们并不陌生，在大公园中常被使用，而且花坛常被做成花钟或纹章的样式。意大利建筑风格主导了花园还有房子，整体设计风格回归到更为严谨的形式，特点是有栏杆的露台，轴向路径，喷泉和雕像等。

植物

流行于私人园林和公共空间中的地毯花坛需要高度技巧和密集劳动来建造。大量的观叶植物和开花植物种植出呈五彩缤纷的图案，并要保持在一个统一的高度上，因此被称为“地毯”。

温室

在19世纪，中产阶级已经有能力负担得起温室和玻璃花房的花销，因而温室不再沦为家庭菜园，相反地成为房子的一个组成部分，用于娱乐以及培育外来植物，如栀子花和兰花等。

装饰

高档装饰花盆和园林家具是维多利亚时代的象征。大规模生产的铸铁座位通常经过精心的装饰，乡村风格和哥特式风格都特别流行。

细节

注意观察这些园林中高水平的装饰细节。园路整齐洁净并用鲜花饰边。结纹图案，也称为麦穗图案，仍然可以在许多园林里被发现。

园林的风格 • 村舍花园

村舍花园以其规模小、造价低为特点，一直在潮流与名流的圈外演变与发展，并成为一个有影响力并被广泛效仿的风格。村舍花园是经过贫穷的村民许多世纪的劳作，并把审美情趣与生活需求进行独特的组合：充足的空间里，鲜花与草类植物同生，蔬菜和水果争艳。这种风格被有影响力的园林作家威廉 · 鲁滨逊和花境设计大师格特鲁德 · 杰基尔推崇备至。在 19 世纪，村舍花园成为乡村质朴生活的象征，和城市的拥挤肮脏形成强烈的对比。在欧洲与之相对应的是菜园。

典型的村舍花园

最成功的村舍花园看起来好像没有经过人为加工，它们似乎是偶然自我播种形成的一个奇迹！

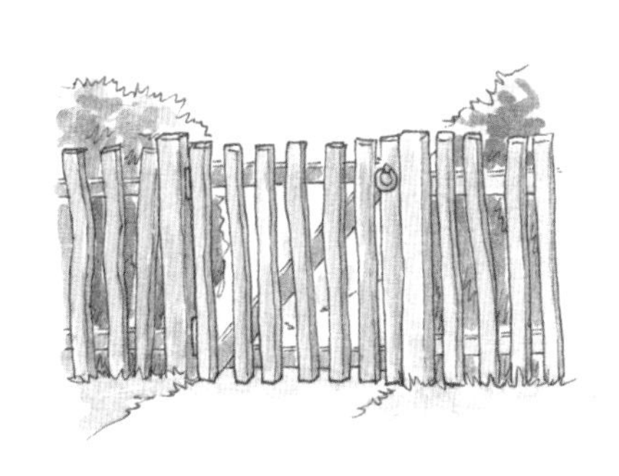

边界

修建和维护高高的围墙与栅栏往往花费不菲，因此很容易发现村舍花园大多使用矮墙围栏（使用当地的材料），通常是一个简单的围栏或是一个本地植物交混而成的树篱。

植物

村舍花园里种满了各类植物，有从种子萌芽生长的，有来自插枝的，有与邻居交换来的或自己播种的，但很少是买来的。这些都是古老的本地品种而不是引进的外来植物。

食品

注意蜂箱和鸡舍，真正的村舍花园作为花园的同时也是个食物储藏室。一年生植物在门后繁荣生长。由于地面空间很宝贵，所以应尽可能在种植盆里种满任意一种蔬菜。

即兴设计

村舍花园里空间浪费极少，为了提高产量和更加美观，很多材料都会被回收利用。人们经常会看到蔬菜生长在旧锡罐中，回收的木材做成拱门用以支撑蔷薇或金银花。

在维多利亚晚期和爱德华七世时期，英国的工艺美术运动从约翰 · 拉斯金和威廉 · 莫里斯的理论中萌发，并通过美国建筑师弗兰克·劳埃德·赖特得到发展。其对当地材料和传统技能的自由运用，成为一个重要的园林风格，并与爱尔兰的园林作家威廉 · 鲁滨逊主张的“野生园”概念十分接近。格特鲁德 · 杰基尔是一位伟大的园艺实践者、花境设计大师，在英国、美国和欧洲完成了数以百计的花园种植设计（虽然她很少去看过），其设计的园林特征是和谐的组合形式以及丰富的植物配置。

希德科特花园，格洛斯特郡，英格兰

希德科特花园由美国园艺师劳伦斯 · 庄士敦设计建造于 100 年前。这个花园以其大型的花房、卷曲的紫杉绿篱墙和矩形灌木丛而闻名，成为工艺美术运动时期造园风潮中的一个完美案例。

建筑

注意一下那些定制的和独立的园林建筑，看它们是如何与房子的风格和结构相联系的，因为相同的建筑词汇在两者中都有呼应。宽大的拱门、半圆形的台阶和扶垛都是工艺美术运动风格最推崇的元素。

藤架

在这些园林中，大多都有装饰得很好的藤架。这些藤架的柱子通常是用分层的窄石板或瓷砖片建造的，并以结实的木梁提供横向支撑。藤架可能从主建筑的一侧伸出或者独立设置。

家具

英国工艺美术风格的建筑师代表是埃德温·勒琴斯，他设计了英国的许多住宅及其花园。除了喷泉、园路，他还制作了这个长椅，名为塞克汉，它的复制品在当代园林中仍能看到。

艺术陶瓷

手工制作的艺术品在这些园林中很受欢迎。注意这种花钵，经常被误认为是格特鲁德·杰基尔的作品，实际上这是玛丽·瓦茨设计，并由康普顿陶艺协会制作的。

随着英国花园城市的发展，战争年代留下的建筑和半独立的郊区住宅建筑使小型花园以及一种新型园丁——热情的业余爱好者开始涌现。郊区花园前后花园有着不同的功能：后面的花园是一个供家庭使用的私人空间；前面的花园则干净、有序，向世人呈现出由矮墙、树篱或栅栏围绕的整洁的一面。相比之下，美国郊区花园前丰盈的草坪直接延伸到路面，中间没有间断或遮掩，是迷你型的景观花园，而欧洲公寓花园的特点则是挂满花盒的窗台。

美国郊区花园

和英国同类花园不同，典型的美国郊区花园前面的草坪呈现出一种诱人的风貌以及延伸到外面世界的空间感，美国的郊区花园通常没有围墙、篱笆或大门的阻隔。

郊区花园平面图

不同于那些开阔的场地，英国郊区花园由于主人常常更换，导致花园不得不在布局上做反复持续的修补。然而，如今我们仍有可能在许多郊区花园中找到经典设计的遗迹。这种花园平面一般呈典型的狭长形，往往强化长长的小径和两侧的边界线。一个阳台标志着从房子到花园的过渡，大面积的草坪需要经常修整来维护。

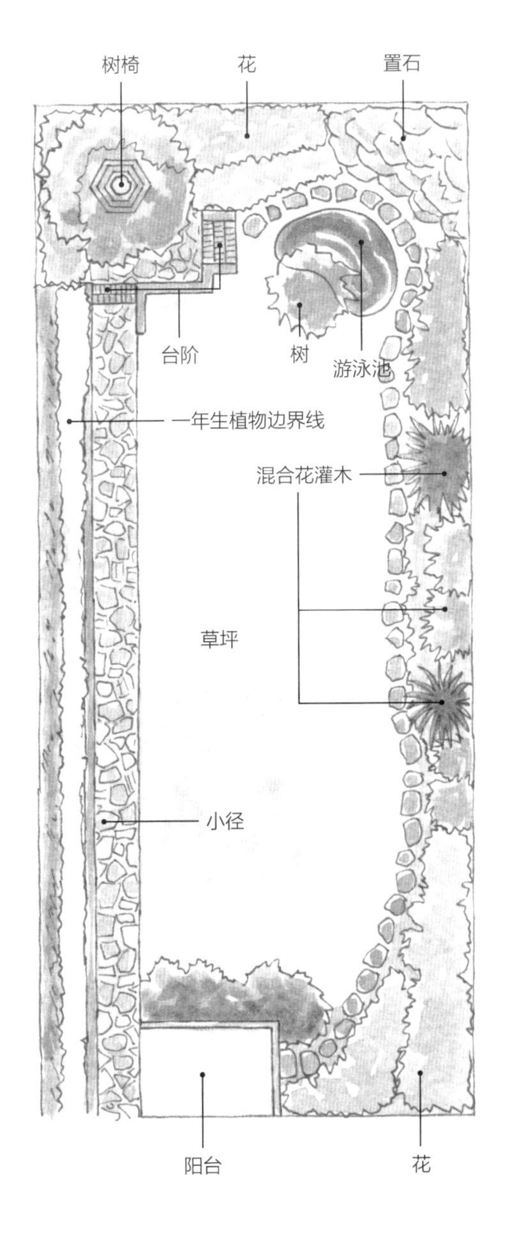

20 世纪的园林受到建筑和绘画新趋势的影响。现代主义建筑大师勒・柯布西耶设计的公寓阳台的高层花园和屋顶花园风格古朴。花园的设计灵感来源于巴格达空中花园（公元前 600 年）和阿兹特克人的花园。大量用于墙壁和窗的玻璃模糊了花园和室内之间的界限，几何形排列的树木、大面积的开放草坪、对常绿植物而非花卉的偏好以及有倒影的水池，都成为公共和私人的现代主义风格建筑的补充元素。

萨弗拉银行，圣保罗，巴西

这个屋顶花园是由巴西著名的景观设计师、园艺师罗伯托・马克思设计的。这个作品就像是一幅抽象画，由石块和砾石组成图案。在种植上选择了体积极小但能够适应炎热干燥环境的品种。

材料

现代主义风格的园林通常使用一些硬质材料进行建造。木材、石材、沙砾、钢材和玻璃都是常见的，但最能释放设计师灵感用于创造结构的材料是混凝土，如这座曲墙，就由现浇混凝土制成。

植物

现代园林中的植物种植常常受结构形式的限制。这种多层次的容器不仅仅提供了一个适合植物生长的地方，还加强了水平面上元素之间的相互关系。

极简主义

秩序感、限制性和极简种植，这就是加布里埃尔·夫雷金 1925 年在法国设计的立体园林，遗憾的是其风格在当时经常遭到诋毁，但至今仍然在园林设计领域可以得见，这是最适合炎热气候环境的设计。

雕塑

现代园林为展示大型的雕塑作品提供了完美的视觉环境。你会发现在美国和斯堪的纳维亚半岛都有长期致力于展示雕塑作品的公园，它们迅速得到普及，并催生了委托定制作品的需求。

几乎可以肯定地说，历史上没有任何一个时期的园林如当今园林这样拥有如此多元化的风格特点。当然，当今园林仍继续保持相当大的规模，许多设计使用先进技术创建动态水景以媲美那些意式或法式园林。然而，对环境的关注和对自然影响的认识正在塑造我们的园林形态。看看那种“大草原”的风格，其特点就是大规模地种植晚开花多年生植物，来延长季节性的趣味。

女士农场，萨默塞特郡，英格兰

不像传统农场以草本作为边界，女士农场选择铺设草原风格的草坪以提供多季节的趣味性。

植物

当园丁面对越来越不可预知的季相变化时，他们重新燃起了对乡土树种的兴趣，这种植物可以适应特殊的气候条件。另外，如关注水资源的短缺，或对有限资源如泥炭的利用，都会影响到最终的设计理念。

规模

园林在世界各地的规模仍然呈扩大的态势。如何在继承传统的基础上设计出有意义的园林，可以参观一下查尔斯 · 詹克斯在苏格兰的邓弗里斯附近设计的作品——宇宙猜想花园，这个设计激发了游客的视觉感知力和想象力。

传统

人们发现了新的和创造性的方式来使用传统的花园元素，如远景、水池和喷泉。在英国诺森伯兰郡阿尼克花园的大瀑布只是众多新的开创性水景之一。

装饰

德里克·贾曼用生锈的回收物品来装饰他在英国肯特郡邓杰内斯的“海滩花园”，这似乎再合适不过了。尽管有许多模仿者，但很少有这样的风格和创意。

TREES 树木·留给子孙的园林

树木 • 导言

很难想象一座园林，即使是很小的园林，却没有树木。无论我们如何改造、重塑众多的自然元素来进行园林的装饰和设计，树木仍然保持了其天然的特性。但是树木过长的寿命可能会导致一些不良的后果，比如遮阳或排水问题以及根部的损坏问题，所以设计师需要做出一些技巧性的或者说有远见的设计。可以参考现有树木的位置，据此推断出其生长的时间以及园林原始的布局的可靠线索。

索城公园，巴黎，法国

细想一下，种植这样宏伟的林荫大道所需的富有想象力的视觉元素吧，最初的设计师永远也不会活着看到如此伟大的成就。

树林

通常，在许多大型园林和国家公园的外围都分布着树林，甚至是小型的森林。在树林中，季节的变化是最明显的。相对于园林，树林对于野生动植物的接纳度无疑更高。

林荫大道

当看到一排呈直线排列的树木时，你立刻就会知道自己正身处于人造的环境景观中。许多品种被用来建造漫长的大道和宏伟的路径，尽管这些景象看起来像是在迎接游客，但有时候它们也会令人生畏。

修剪

盆景艺术是“修剪”最极端的表现形式，园丁们尽力修剪绿植，把它们塑造成能够符合周围环境和设计意图的形态。如果不加以管理，树木会生长成自然的形状和大小。

功能

树木是园林中产量最高的植物之一。它们不但提供木材，大多数还会结出果实或坚果。它们要么与主花园融为一体，要么被放置在指定区域，如果园、厨房花园或柑橘园等。

17 世纪和 18 世纪富有远见的设计师们设计了宏伟壮观的景观，比如凡尔赛宫和布伦海姆宫的景观，他们设想的场景是他们活着的时候看不到的，因为树木需要几十年的时间才能长成并产生所需的效果。通常是几百年后的游客才能享受这些雄心勃勃的规划呈现出的现实效果。如果你看到一棵年轻的树取代了一棵死去的树，看看它与周围树木的比例对比，你就会知道原来的风景会有多么不同。

布伦海姆宫，牛津郡，英格兰

一个成功的风景园为旅客提供了一系列精心构思的景象。注意观察湖泊、树木和建筑之间和谐的布局。

灌木丛

注意灌木的种植方式，单棵还是丛植的，靠在一起还是相互之间有一定的间隔。灌木丛是一种种植紧密的植物群，有时也会让人联想到荒野，从远处看灌木丛会呈现出一种黑暗、浓密的形态。

丛生

丛生的种植密度相对灌木丛要低，人们往往会看到在小山丘或是斜坡上种植着一丛一丛的山毛榉。

密围

成熟的树木可以有效地屏蔽声音和风，并且能保护隐私。但不同于篱笆或栅栏，这样的屏风需要很长时间才能形成。周边茂密的树林总是能显现出一个以前的密围。

灌木林

灌木林包含了不同高度、参差不齐的木本植物和开花灌木，尽管有一些混杂了缺乏活力的树种，但这些树可以体现不同的高度。灌木林中通常会有小路穿行其中，供人们漫步，让其恍若置身于一片小树林中。

森林和林地已经被人类种植管理和收割了数千年，并且这种人为管理的痕迹至今仍然很明显。我们经常可以看到被称为“森林公园”的地方，尽管它们和真正的天然森林没有什么相似之处。

它们都是在传统的林地环境中开发的大型公园，保留了林地原有的氛围。通常的做法是在参天树木脚下的酸性土壤上种植开花的林地物种，如杜鹃花属、八仙花属、木兰属的植物，把它们巧妙地组合种植在一棵更高的树木的树冠下方。球根植物在春天铺满地面，景色宜人。

布莱恩公园，弗吉尼亚州，美国

在春季或夏初，整片森林完全变绿之前，树林中的杜鹃花和紫荆树都能给这片区域增添色彩和活力。

矮林

矮林有着非常显著的外观特征。矮林作业是一种中世纪的修剪方式，每隔几年将树木（特别是榛子树）修剪控制在一定的高度。这使得树木生出很多细长的枝丫，这些枝丫可以用于生火，制作栅栏以及编织篮子。

修剪

修剪的特点是采用切去顶端的形式。每年将树顶和主要的枝干进行修剪，促使更多的分支向远高于食草动物的高度生长。冬天，可以在切割处寻找到巨大的扭曲“关节”，它们能给截枝过的树带来独特的轮廓。

带状种植

从远处看，种植带经常被误认为是林地，其通常是围绕在房子周围的一片有一定宽度的绿植，它们可以成为有效的分界线。有时候，在种植带的内侧，你还能看到曾经用于马车行驶的车道。

林中空地

树林中成片的空地也叫作“森林草坪”，这可以追溯到中世纪，那时会有平民放养牲畜的草坪。在小型的树木成林的园林中，一片林中空地有时候也会令人眼前一亮。

小树林意大利语称为 bosco。在意大利文艺复兴时期的花园中，它是一个与小径相交的树丛，经常种植常绿植物，如冬青等，可以提供荫凉以便休憩。小树林里有浓密的树木（有时是灌木），也有穿行的步道。开阔的小树林里种满了不规则种植的大树，而封闭的小树林里种满了灌木，以提供一些私密空间。

林地花园

在规模较小的花园中，密集种植的区域看上去就像一小片林地，步道贯穿其中，并延伸至远处的房屋。

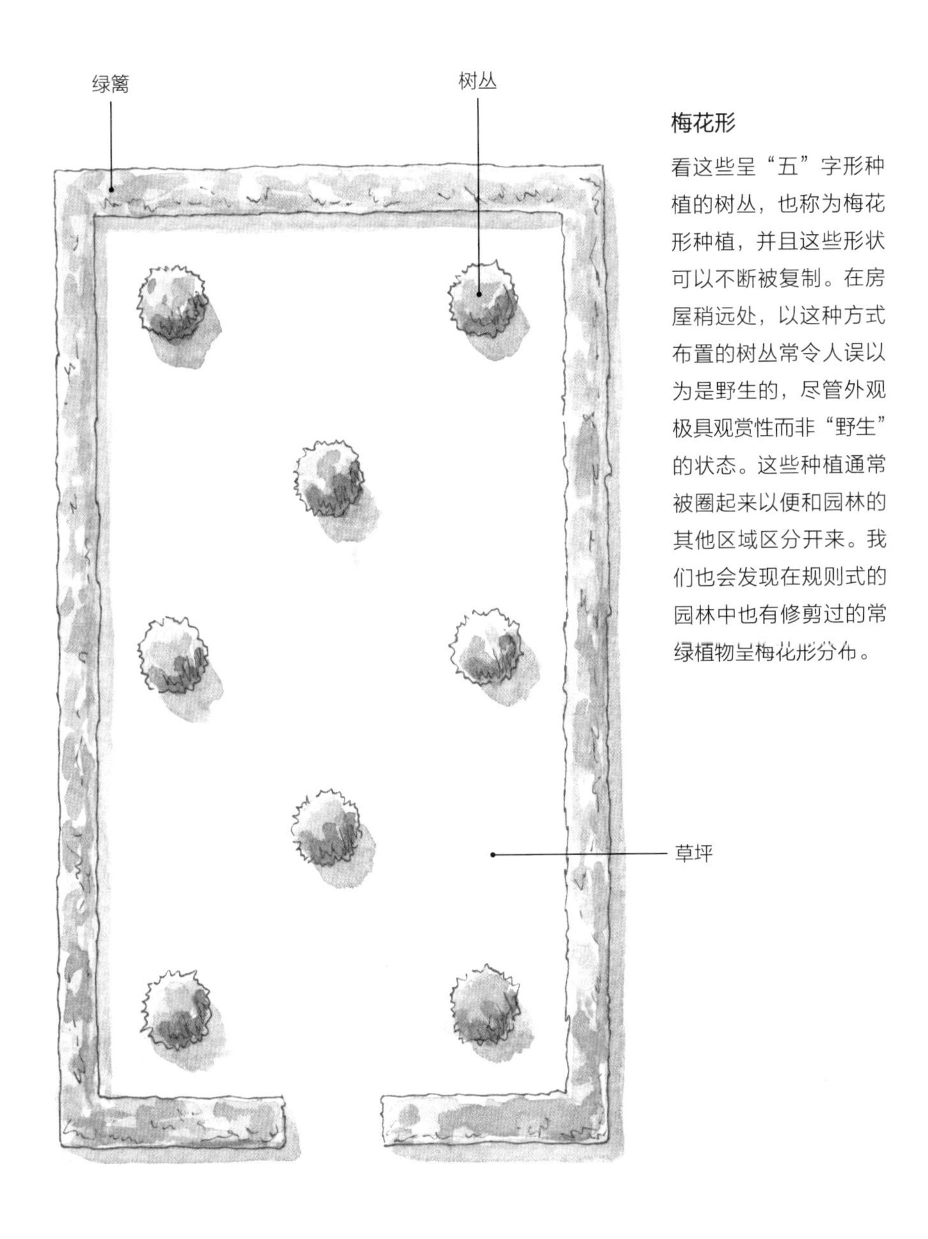

梅花形

看这些呈“五”字形种植的树丛，也称为梅花形种植，并且这些形状可以不断被复制。在房屋稍远处，以这种方式布置的树丛常令人误以为是野生的，尽管外观极具观赏性而非“野生”的状态。这些种植通常被圈起来以便和园林的其他区域区分开来。我们也会发现在规则式的园林中也有修剪过的常绿植物呈梅花形分布。

尽管树木园本质上是一片种满树木的广阔区域，但人们不会将它错认为是森林或林地。树木园致力于收集和展示不同种类的树种，由于每个种类都单独种植而不受周围树种的影响，所以参观者可以很好地欣赏到它们的大小和形状。建造树木园时，可以按不同的主题对树木进行布置，最常见的是以树种起源来分类，有时候也会以季节来区分，比如秋天有艳丽色彩的树种。如果你在一座大型园林里发现一个树木园，它通常说明园主热衷于收集植物。

空间和开阔性

树木园中的树木通常采用开放式的种植方式，这样既保持树木的多姿形态，又保留天然树林的自然氛围。

空间

不同于封闭型树林，空间感和开放感是树木园最主要的特征之一。我们可以远距离地欣赏巨大的风景林，而且树木园中即使成组种植的群落之间也保持了足够的距离。

识别

树木园中的树木几乎都附有标明名称和产地的标签。有些树木园还会提供打印的地图或路线图，参观者可以一边参观植物，一边阅读每种类型的树的信息。

座位

漫步于树木园时，务必寻找那些处于有利位置的座椅坐下，因为遵循园林造景的原则，这些座椅的位置都是经过精心安排的，它们会带给你具有最佳视觉效果的景色。

季节亮点

树木园的确值得反复的游览，因为在不同的季节它会带给你不同的惊喜。春天，大量分门别类的球茎植物覆盖了大地，而在秋天，落叶类树木则占尽了风头。

林荫道是一条长且直的步行道或车道，道路旁种植着等距排列的树木或树篱。在意大利文艺复兴时期，林荫道被设计师用于连接园林里不同的区域，路的尽头通常是一座建筑或大型雕塑。我们会在许多法国、荷兰、英国和美国的园林中看到宽阔的林荫道。

帕克伍德府邸，沃里克郡，英格兰

林荫道两旁整齐地种上圆柱形的紫杉，为这栋住宅增添了严肃和庄重的氛围。

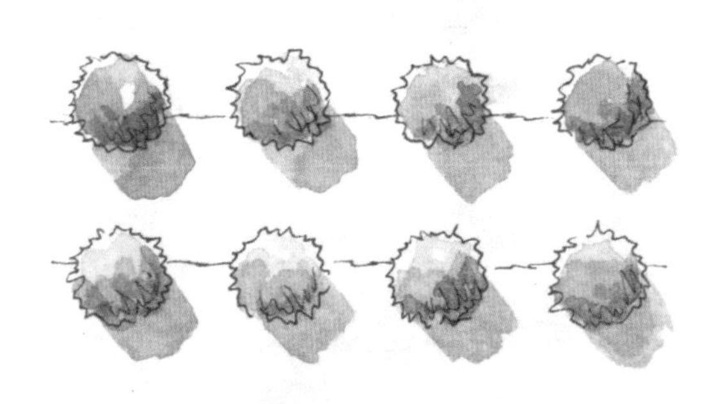

非规则式的林荫道

在更多非规则式的园林中，你可能会发现林荫道或是小径两旁的树木以对角的形式种植，这样虽看上去不那么中规中矩，但营造出更加休闲的氛围。这种形式的林荫道通常出现在树林中。

规则式的林荫道

规则式林荫道遵循非常严格的几何分布，树木之间保持精确的、规则的距离种植。这样大规模的简洁设计为来访者创造了气势恢宏的视觉效果。

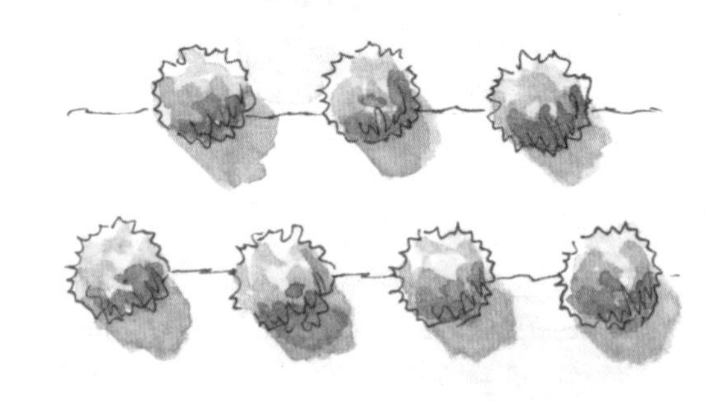

多行种植

在宏大、奢华的园林中，你也许会发现林荫道不只是一排树，而是将树木与绿篱混合种植，树木高度依次递减（注意在树列之间第二条路径是如何形成的）。

补种的林荫道

历史悠久的林荫道很少能把原来的树种一直保存到现在。一些生病的和垂死的树种需要用新树种替换，这就叫补种。如果原来的树种已经找不到了，这个问题就会变得比较棘手。

皇家园艺协会切尔西花展，伦敦，英格兰

2009 年，罗兰百悦香槟庄园里的林荫道两旁交叉种植的鹅耳枥，创造了非常具有设计感的表现形式，它们把游客的目光引导到一个雕塑上。

想要创造一个远景，设计师必须考虑向一个特定的方向引导参观者的视线。距离是实现这些戏剧性、令人惊叹效果的关键，比如大型园林中的林荫道。然而，小空间也同样能创造很好的效果。许多当代设计师颠覆“远景”的概念，转而在相对小的空间里引入短小、结构紧密的景致。无论大小规模，比如聚焦一个单独的物体、一个小场景、一个建筑、一座方尖碑甚至种满花的小瓮，都可以制造出远景的效果。

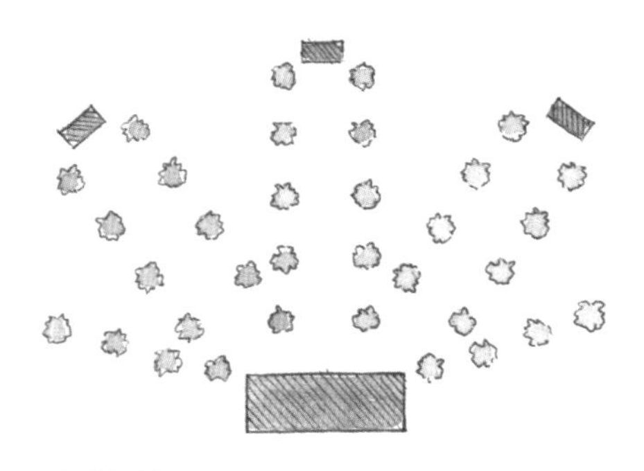

透视

仔细看这张经过夸张处理的远景图，并不是一排平行种植的树木，而是远处的树排列稍稍靠近，并且由近及远在高度上依次降低，从视觉上增强了后退感。

多个远景

在非常规则式的园林中，你会发现有一种种植形式，法语称之为 patte d'oie，或者叫作鹅脚。小径像鹅的脚掌一样呈扇形向外辐射，通常是从一座建筑延伸而出，每条小径的尽头都有不同的特色。

随意性

远景在小型的非规则式的园林中也显得非常重要，一个简单的柳枝制成的拱门，挂上甜豌豆的装饰就创造出一条芬芳的通道，同时也赋予了这座园林结构感和秩序性。

高度

高大的树木或树篱并不是创造远景的唯一手段。低矮的植物也可以向特定方向引导人们的视线。就算是草坪中简单的小道，也能把视线引向特定的对象。

TREES 树木·根饰

魔法花园，汉普顿，英格兰

这座花园是为花展修建的，它利用野花轻盈、雅致的特点，与树根的阴郁、哥特式的气质形成了强烈的对比。

令人意想不到的东西常常潜伏在园林中一些黑暗、潮湿的角落里，让毫无戒备的游客大吃一惊，但像根饰这样的意外惊喜还是很少见的。根饰是指将一些老树连根拔起，上下倒置，露出纠缠在一起的复杂的根部结构。第一个树桩群的形象是维多利亚时期的园艺师创造的，虽然不太常见，但近年来也被赋予新生概念并引入于大小园林中。

树桩

大型根饰需要用到非常老的树根，这需要使用重型器械才能将它们拖到指定的位置。这些大自然的雕塑最适合于装饰阴暗潮湿的场所，它们能创造出神秘的气息和微妙的、哥特式的“恐怖”感。

种植

在古老的花园中，一些小型的树桩被放置到蕨类植物丛里（在维多利亚时期曾经疯狂地种植蕨类植物）。它们给蕨类植物、藤本植物、苔藓和地衣提供了绝佳的生长环境。

野生动物

在一些独具匠心的根饰设计中，你会发现用巨型树桩做成的拱门、陡岸等简易的装置物，它们不仅能营造很好的气氛，也成为鸟类、小型哺乳动物和昆虫的天堂。

装饰

树桩可以成为园林中起点缀作用的元素，无论在林地或是森林中，它都可以作为充满乡村气息的装饰品。这是一座造型独特的凉亭，里面有把简单的座椅。

在商业果园中，为了提高采摘效率，果树通常采用直线形种植，而在厨房花园中，这种形式非常少见，甚至几乎不做特别的安排。这里有蜂巢和自由放养的鸡，甚至秋天里有猪在树下呼呼大睡。在厨房花园里有这样一个传统：为了提高结果率和收获效率，果树必须严格地修剪成几何形状以限制其大小。这种果树也被称为墙树。

墙树

春天开满枝头的花朵装饰着这棵古老的苹果墙树，预示着在秋天硕果累累。

水平 T 形

你也许经常会看见一排独立种植的树木呈水平化生长状态，其也被当成是引导小路的树篱。一旦树木成形，最初被用于支撑树枝的杆子以及金属框架将被撤掉。

折生多干型墙树

墙树也被当作围墙和栅栏使用，特别是在一些古老的厨房花园中。除提供支撑作用之外，这种形式还有一个额外的好处，那就是墙树能带来温暖，这非常适合水果的成熟。

斜生多干型墙树

各种各样的果树都可以修建成为墙树，包括苹果树、梨树、油桃树、桃子树和杏树。生长较慢的果树通过上图这样的修剪方式可以达到其最好的状态。观察一下那些有着悠久历史和有特色的墙树。

比利时栅栏

墙树的修剪和编织技术类似于灌木修剪法，两者可以将植物修剪得具有高度装饰性和观赏性。上图这种错综复杂的形式被称为比利时栅栏，它的结构特别复杂，需要高超的技巧和耐心来完成。

经过“编织”的树完全不同于自然林地中的树木，它是园丁把生长中的植物修剪塑造成特定结构的例子之一。它是一条整齐排列的、经过编织的树，字面上可以理解为“踩高跷的树篱”，通常指的是杆式树篱。在园林中，它们通常用于分割空间，以制造一个开放的环境和空间。常用树种有榆树、柠檬树、鹅耳枥、山毛榉，最后一种在冬季也可以保持其独特的效果。

霍尔克庄园，坎布里亚郡，英格兰

这些月桂树被修剪以形成一个高过头的拱门，这种设计方式与利用树篱来设计道路的方法相似。

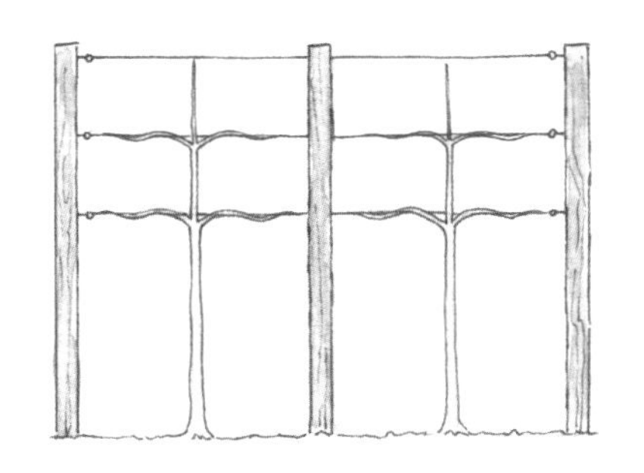

方法

成功的“编织”依赖于精确的测量。有规律间距的木桩用来支撑牢固的网格丝以保持其水平状态。这些小树就种在它们中间，侧面的分枝沿着网格修剪，面向外部的分枝会被全部剪掉。

结果

当这些树木成熟后，支撑物将被移除，但也可能保留一些网格丝用作支撑。这些树枝从顶端开始便以这种方式开始缠绕，很难区分出独立的个体。

几何

尽管“编织”是一种很古老的技术，但因为它可以创造出几何感非常强的形式，所以现在仍很频繁地被当代设计师所运用。通常将低矮、经过修剪的常绿树木植于地面的高度以平衡视觉。

空间

在现代园林中，空间是非常宝贵的。树木“编织”的大小和形状受到严格的控制，所以它也是利用高度且不产生过多阴影的好方法。

PLANTS 植物·花卉

如果说观叶植物是园林中不可或缺的基本元素，开花植物则是昙花一现的明星。一座开满鲜花的庭院可以美得令人窒息，仔细观察这种效果是如何达到的，所选择的植物是不是适应其气候条件，它们是生长旺盛还是艰难生存？这是一个植物专家的花园吗？是不是有很多出色的或罕见的品种？有时候这个品种的选择是否影响美学效果？或者你发现自己正身处一个艺术家的花园，而且强调的是色彩和形式的运用，而不是园艺的专业技术。

绚丽缤纷的郁金香

园林里的常绿植物结构变化并不大，而花卉可以提供不同的颜色、形态和气味。

颜色

人们总是关注园林里的色彩，同时思考，这个园艺师是偏好微妙的阴影色还是基础色？这些花之间是相得益彰还是互相冲突？园艺师是否有意调整他或她的调色板颜色？如果是的话，又达到了什么样的效果？

气味

规划园林时，气味往往是最容易被忽视的因素，但香味其实是植物可以提供的主要乐趣之一。除像玫瑰、金银花这类人们一看就喜欢的种类之外，还有许多植物值得欣赏，尤其是香草类植物，它们有着芳香气味的叶子。

装饰

一年生植物是一种播种、开花并在一年内死亡的植物，人们种植它们主要是为了获得极高的观赏价值。它们的“光辉”往往是壮观的，但转瞬即逝，对园林的长期结构毫无贡献。

功能

功能性植物，如水果、香草和蔬菜，不但可以食用，同时自身也具备非常高的观赏价值。仔细观察一座花卉和蔬菜相结合的园林，因为它不仅是为了生产食物，也是为了美丽。

植物 • 花坛 / 花卉毯床

花坛 / 花卉毯床可以把开花植物集中进行种植、聚集或排列成图案。19 世纪兴起一股在传统结园和花坛里种植花境的热潮，后来景观花园重归简朴，鲜花又重新被种植于房子周围。地毯花坛的种植艺术关键是规划和对植物的控制，早期的纯粹主义者在植物开花前去除花芽，仅保留树叶。然而，新引进的艳丽花朵的诱惑太大了，很快到处都是色彩鲜艳的花坛。

地毯花坛

如果你有机会看到一个地毯花坛艺术的优秀范例，仔细观察它的技巧运用并着重关注它的细节设计。

地毯花坛的设计

圆形或椭圆形花坛比线性几何式花坛更常见，为了展示更好的设计效果，有时会把中心地带抬高凸起。我们经常会在城市公园和花园里看到地毯花坛组成的一座城市的标志或象征。这种设计主要挑选一种植物作为主角，用另一种植物修饰边缘，再用一种被称为“点缀”的植物（通常是尖峰状的植物，如棕榈）来增加高度感。然后用球根植物、多肉植物和一年生植物等不断变化的植物阵列来填充图案。

戴尔花园，诺福克郡，英格兰

这里有许多状态良好的岛式花境，高大的树木点缀其间。这种安排形成了一种有连贯性和整体感的设计效果。

带状花坛在 19 世纪的美国和英国很流行。它们拥有连续的呈条带状的狭长边界，其宽度相等，由色彩鲜艳的低矮型植物组成。花坛通常作为路径两侧或草坪的镶边。岛式花境则更自然，通常呈圆形或肾形。它们被修建在坪中，常见的岛式花境会将灌木、花卉混植在一起，有时还有一棵小树。这不同于传统的花坛靠墙或靠树篱修建，岛式花境使游客可以从任何角度观赏植物。

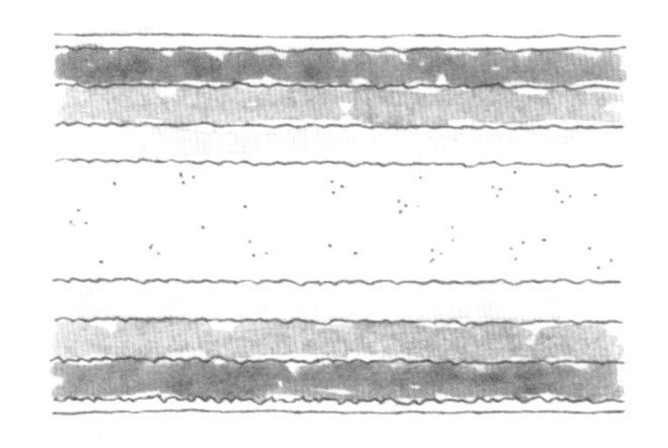

带状花坛

鲜艳的带状花坛在早 1900 年就过时了，现在很少见。你可能偶尔会在一座公共花园的小路边看到它们，这些花坛应该非常低矮，里面的植株要么被修剪整齐，要么紧贴地面生长。

带状花坛的设计

把带状花坛设计成螺旋形或者是重复的图案都颇受欢迎。这种种植方式主要被用于灌木丛的边缘。

岛式花境

岛式花境的规模各不相同，但视觉上最具美感的是在大面积区域成组种植。在小花园里，为了使它们看上去不至于与其他植物格格不入，需要精心设计其位置。

岛式花境的设计

肾形或泪珠状的岛式花境很常见，包括高大的灌木或一棵用来屏蔽掉不宜露出的风景的树。这样的花境经常采用主题性的种植设计，如异域情调或秋季色彩等主题。

勒 · 瓦斯 · 戴 · 穆特埃别墅花园，瓦朗日维尔，法国

花境大师格特鲁德 · 杰基尔把紫杉修剪成绿篱墙，宿根花境沿着绿篱墙的边缘设置，增强了其节奏感和形式感。

宿根花境主要由一年生植物或是多年生植物组成，有些靠着围墙或树篱设置。它的总体长度富于变化。因为花境中的植物有些有多年生的特性（植物的枝叶在冬天枯死了，但根部还活着），它们常被设置在从房子里看不到的地方。夏天，宿根花境的效果依赖于精心的设计，要保持其颜色、体积、高度及叶子形状之间的平衡，并且要做到看不见土壤（除了使用比较纤弱的盆栽植物，还可以用一年生植物来填补空隙）。

格特鲁德 · 杰基尔的花境

从 19 世纪后期开始，杰基尔把花境设计提升到完美的新水准。她巧妙地运用印象派风格的颜色，使得花境既精巧又引人注目。这只是杰基尔众多设计中的一小部分，而她对色彩的应用出神入化，精致的花境，从中心的奶油色、粉色和银蓝色向外晕染，到粉红、浅黄、白色、淡蓝色，最后在外围用蓝色、白色、银色和奶油色勾边。尖尖的丝兰增添了戏剧性效果，暗色的紫杉篱则提供了对照鲜明的背景。

月季是已知的最古老的园林花卉之一。它最早是由中国园丁进行栽培的，因深受罗马人的喜爱，逐渐在全世界都变得流行。它们大多是杂交的，你会欣赏到极其丰富的颜色、花型，最重要的是香味。约瑟芬皇后于19世纪早期，在靠近巴黎的马尔梅松城堡创建的花园被认为是第一座专门种植月季的花园。月季园的风尚迅速蔓延到法国，然后至英国和世界其他国家。

阿德莱德植物园，澳大利亚

为了庆祝澳大利亚建国200周年而建立的温室，与热带植物形成对比的是温室外面美好的月季。

垂枝标准

月季的修剪分规则式和非规则式。在法国有严格修剪月季垂枝的传统，无论是修剪成球状还是更自然下垂的样式，都很受欢迎。这些垂枝标准在当代许多规则式园林里依然起着重要作用。

灌木

花园里的蔷薇灌木丛是最容易管理的。大多数现代杂交品种重复开花，具有良好的抗病性。如法国蔷薇、千叶蔷薇和大马士革月季这样的古老品种，虽然花期短但却拥有最完美的色彩和香味。

藤蔓月季

藤蔓月季会给任何一座花园带来一种浪漫情怀和富有魅力的氛围，为空间增添色彩和香味，美化效果出众。我们常能看到它们向墙上攀爬生长，越过拱门，并缠绕在凉亭上或是小屋门口的框架上。

藤蔓月季是生命力很强且生长速度很快的品种，它们最适合生长在自然环境中，可以随心所欲地缠绕树木和灌木丛，或沿着堤岸攀爬。

莫蒂斯方特修道院，汉普郡，英格兰

莫蒂斯方特修道院是英国收藏古老玫瑰品种的聚集地。即使在玫瑰不开花的时候，箱形树篱和木拱门的结构设计仍可以给花园的围墙增添仪式感。

玫瑰花园，也被称为玫瑰园，几乎都是规则式的。玫瑰园的空间广阔，但由于玫瑰花的花期相对很短，一年中的大部分时间都无人参观，它们经常被设置在远离房子，靠近围墙或篱笆的地方。为了适应一些简朴风格的花园，名流人士如格特鲁德·杰基尔、维塔·萨克维尔·韦斯特开始将玫瑰和其他开花植物混合种植，从而延长了整体的花期。这成为世界各地的玫瑰园的基本种植模式。

拱门

观察可以支撑玫瑰攀爬的传统方式，这种做法是在不同环境中经过无数尝试并经受住考验的。攀缘玫瑰围绕单个或多个拱门攀爬生长，拱门还用来框景和标识路径。

花彩

花彩也被称为悬索线或下垂的花饰，是把高杆放置到地面上，中间悬挂粗绳或链条。玫瑰沿着杆子攀爬生长，并沿绳子或链条垂下来，并开满鲜花。

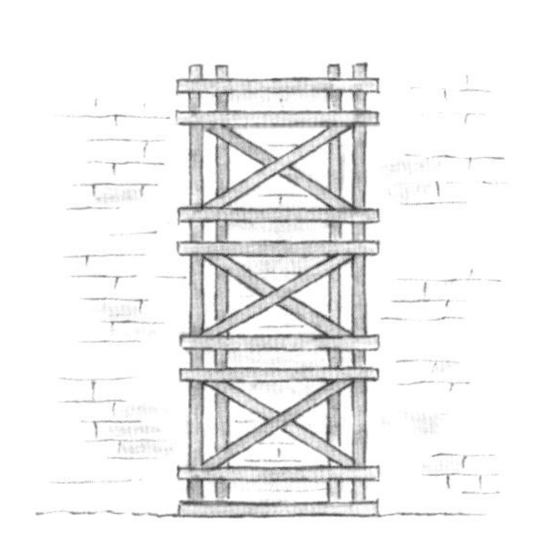

平面格架

攀缘玫瑰有着柔软的茎，很容易在格架上攀爬。利用平面格架可以遮蔽不美观的围墙或栅栏，如果平面格架自身也进行一番装饰，那么即使是在玫瑰凋零时也会依然极富吸引力。

格架结构

坚实、独立的格架对生机蓬勃的攀缘植物来说是完美的支撑物，这在大型正规的玫瑰园里经常可以看到。格架结构尤其适合大型和优雅的设计，使花园在冬季里又多了一种观赏结构。

从 15 世纪早期开始就有了花坛这个名词（源自拉丁文 per terre，在地面上的意思），它被应用于某种特定类型的装饰性花坛。花坛一般是四四方方的几何形布局，是从波斯园林中简单的四部分组成的平面发展而来的。花坛设计可以简单也可以复杂，每部分也可以是对称的或含有如图案的具象设计。花台，在英国又称为结园，由生长低矮、修剪整齐的绿篱组成，通常呈箱形，可以种植石蚕属植物或薰衣草，从上面俯瞰时可以获得良好的观赏效果。

博尔顿住宅，格洛斯特郡，英格兰

这是一个开放型的结园设计，其变化在于修剪整齐的盒状灌木具有特殊的造型风格，增添了垂直方向的趣味性。另外，这个结园的中心还有一个高出地面的水池。

简单的结园

简单的结园由某种单一的植物类型组成。常绿植物的运用意味着花坛全年常绿，它们通常位于极度显眼的位置，例如在花园的入口处。

复杂的结园

花境设计师通常使用箱形薰衣草、迷迭香、芸香等植物来布置结园，通过运用植物枝叶深浅不一的颜色变化，可以获得微妙的效果。如果再对植物巧妙地进行修剪，让其产生扭曲并缠绕在一起时，就成为真正的结园了。

开放型结园

在所谓的开放型结园中，其设计是挑选低矮的常绿植物，其组成的图案中间被各种颜色的材料所填充。传统的白垩、煤和砖尘都曾用作填充材料，如今最常用的材料是彩色沙砾。

封闭型结园

在一座设计成封闭空间的结园里，密集种植着不同种类的开花植物。这些植物随四季的变化而产生变化，例如，春天时球根类植物开花，色彩亮丽的一年生植物紧随其后，待到冬天时结园又变成光秃秃的了。

和结园一样，在意大利文艺复兴时期的园林中，其花坛也使用同一色调的材料，但是与英国园林相比，其规模更庞大，设计也更复杂。在17世纪和18世纪，法国人改进了这种建造设计方法，以此创造出一套全新的术语来区分不同的风格。“组合花坛”是指在水平方向和垂直方向上都对称组合的花坛；“刺绣花坛”是源自重工刺绣服装上精细的图案；还有“水花坛”，是指建有水池的花坛。

皮特迈登花园，阿伯丁郡，苏格兰

这个花坛包含开放式和封闭式两种隔间，后者布满鲜花，随季节产生变化。皮特迈登花园的6个花坛包括了5英里长的（约8.05千米）修剪整齐的方形树篱。

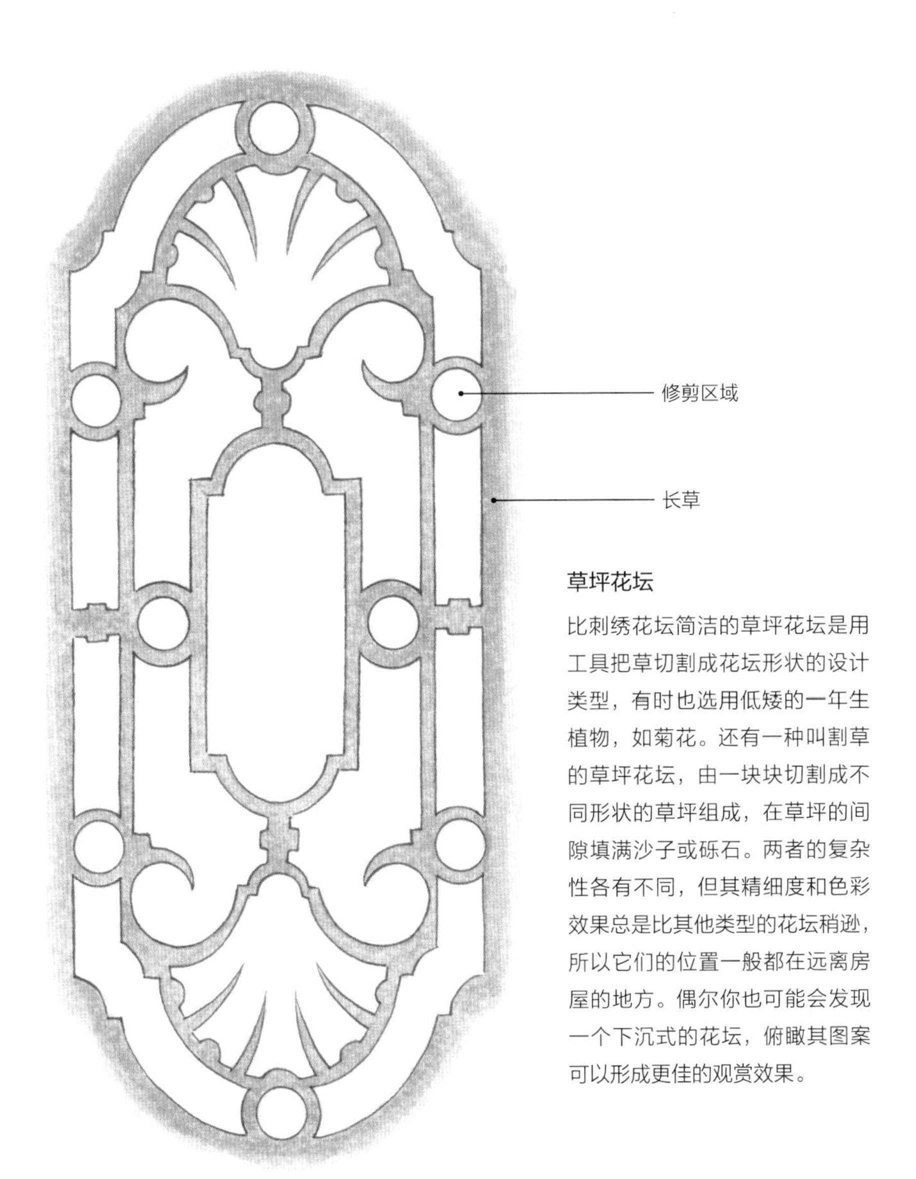

草坪花坛

比刺绣花坛简洁的草坪花坛是用工具把草切割成花坛形状的设计类型，有时也选用低矮的一年生植物，如菊花。还有一种叫割草的草坪花坛，由一块块切割成不同形状的草坪组成，在草坪的间隙填满沙子或砾石。两者的复杂性各有不同，但其精细度和色彩效果总是比其他类型的花坛稍逊，所以它们的位置一般都在远离房屋的地方。偶尔你也可能会发现一个下沉式的花坛，俯瞰其图案可以形成更佳的观赏效果。

致力于种植草本植物的园林有着悠久的历史。一些芳香型植物因其有药用、食用的价值优势，成为园丁最早栽培的品种之一。然而，除非你身处在一座全世界最大的药用花园里，否则今天可供参观的大多数草本植物园可能是传统设计的翻版或现代诠释版。无论是以结园的规则式生长，还是以集中的混合式自然生长形成花境，草本植物特别的色彩和芬芳都蕴含了一种浪漫主义和怀旧的感觉，这是其他类型的植物无法比拟的。

成熟的草本植物园

许多草本植物无拘无束自在生长的习性似乎更适合不太规则、自由的布局形式，正如这座修建在修道院中的草本植物园。

路径

草本植物可以生长在砖材或石材铺设的路径之间的下凹处。所以匍匐的百里香和甘菊等贴地生长的品种特别适合用来创建或装饰路径。我们可以多尝试寻找一下用这种方式创建的路径。

图案

把草本植物呈车轮状排列，用铺路石勾画出基础形状。可以通过在“辐条”的中心放置一个形成中心特色的小品，如日晷或高罐来增加高度。

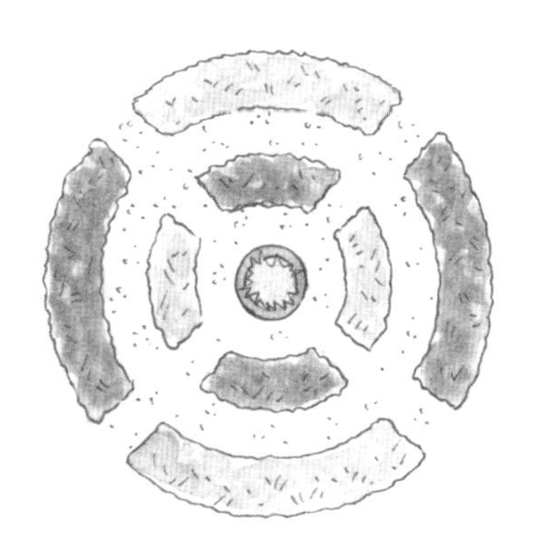

砾石

许多草本植物起源于炎热、干旱的地中海地区，需要在干燥、排水良好的条件下方能生存，砾石恰恰为这类草本植物提供了完美的生长介质。你经常会看到砾石和草本植物组成的环形图案出现在园林中。

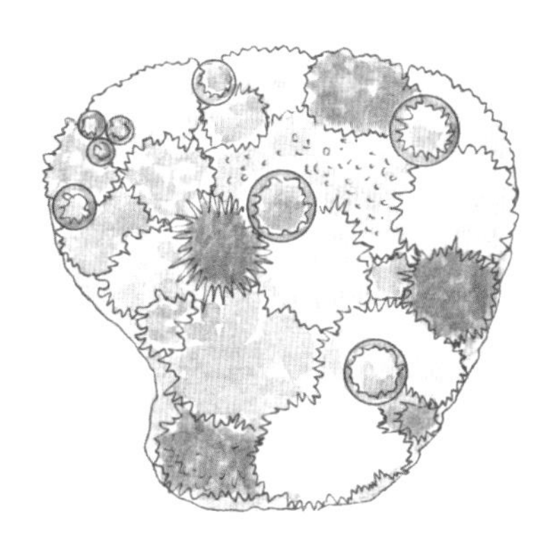

草本植物花境

一座花园可能建有一个草本植物花境（通常是凸出地面的）。有时它们也会被设置在一块草坪上，像一座种植岛，如果种植低矮的草本植物，则像极了华丽的挂毯。

“创造”河道

对园主来说，在他的花园里拥有自然的河道是令人欣喜的。如果缺少这样的运气，园主往往会在一个大的池塘边上开发修建沼泽花园。

沼泽花园有一种神秘的气氛，完全不同于装饰性水景花园里随处可见的水池和喷泉。“沼泽”是指池塘边的沼泽地，在那里，径流和有机物质汇聚融合，创造出一种营养丰富、潮湿的环境，适合许多喜湿植物的生长，同时也能吸引许多野生动物。此类花园中最好的例子之一是利用溪流蜿蜒浅浅的岸线，曲折穿过倾泻着阳光的林地，呈现出动态水景和静态林木形成反差的效果。

边缘

水池边缘种植的耐水湿植物被称为边缘植物。包括一些在春季和夏季里最有吸引力的花卉，例如菖蒲和沟酸浆等。

主景植物

在水池或小溪周边营养丰富的生长环境中成长起来的品种一般极为茂盛，通常被配置成色彩丰富的主景。

规模

用高耸的根乃拉草或者比它小一点的大黄所构建形成的景观无疑是一个成功的沼泽花园的标志。只要提供了可以生长的条件，这些植物就能够长到一人高的高度，因而赢得了特有的名字“巨人大黄”。

观叶植物

尽管主景植物多用开花植物，沼泽花园的真正主角其实是茂盛的观叶植物。不同轮廓、尺寸、颜色的叶子一层层茂密地生长，互相掩映，造就了丰富的光影效果。

植物 • 芳香型花园

大家所熟知的充满芳香气味的花园，目的是刺激人们视觉以外的感官。这些花园中有导向围栏、盲文标记、可触摸的雕塑及音乐风铃等，然而它们最重要的元素是吸引人的气味。芳香型花园在选择开花植物的种类时，把香味作为高于一切的选择条件，而不是色彩或外形，所以你更容易找到比现代杂交品种更古老、更精致的开花植物。这也利于吸引鸟类和昆虫，所以你在呼吸香味的同时也要记得倾听大自然的声音！

坐在“芳香”中

夏季，座椅应安放在能充分闻到花园的香气以及视觉感官效果最佳的位置。薰衣草的香味尤其能令人凝神静气，久久不忍离去。

位置

为了方便游客“享受”植物的芳香，花儿需要被设置在和我们的鼻子同样高度的水平面上。在拱门、门廊或棚架上种植如月季、茉莉、金银花这类攀缘型芳香植物，不仅可以令人更容易闻到香味，还可以最大限度地利用风来扩散它们的香味。

花台

有些植物的叶子受到轻微的摩擦时，也会散发出美妙的香味。如鼠尾草、薰衣草、天竺葵这类植物，叶子会从齐腰高的花台或种植容器里溢出，游客可以很自然地去触碰它们，这样这些植物就能释放出香味。

路径

路径两旁设有导向栏杆，并和芳香植物的花坛组合在一起，这是大多数芳香型花园的特点，尤其是为弱视群体修建的园林。芳香型花园最早起源于 20 世纪 30 年代末，现在成为许多国家公园里的一个特色景观。

座椅

阳光下，由芳香植物包围的座椅可以成为一个完美的休憩点，游客可在休息的同时尽情呼吸空气中的花香，在这里，还可以近距离接触飞行其间的昆虫，它们发出的嗡嗡声如此舒缓人心，人们可以得到嗅觉和听觉的双重享受。

“外来植物”是指任何生长在原有自然栖息地之外的植物。几个世纪以来，世界各地的园丁都在尝试种植外来植物，探索在哪里可以种什么样的非本地品种。这种潮流一直备受青睐，所以在许多大型园林里都存在外来植物，如来自亚热带或地中海地区的品种。许多地区气候发生变化，曾经不耐寒的植物现在也能在冬季存活下来；对水资源的合理利用鼓励了“干旱”花园的各种实验，耐旱植物生长在沙砾中，不再需要人工浇水仅靠降雨就能进行灌溉。

修道院花园，特雷斯科岛，英格兰

特雷斯科岛拥有温和宜人的气候，这使许多外来植物得以茁壮成长，而这些植物在其本土上则需要努力竞争才能存活下来。

花园特色

我们可以通过寻找生长在其中的植物来辨别出这个花园的特色，而非依靠花园中的建筑或装饰特征来辨别。它的布局可以是规则的也可以是不规则的，主要由植物来决定这个花园的风格和结构。

季节

外来植物最好种植在有阳光的地方，这样可以提高花朵、枝叶的活力。在较凉爽的气候条件下，花园在夏末秋初可以达到鼎盛状态，所以为了获得最佳的观赏效果，请合理安排游览计划。

氛围

那些色彩艳丽的开花类植物（大丽花、美人蕉）和茂盛的观叶类植物（竹子、八角金盘、香蕉、龙舌兰、丝兰、棕榈）错落配置，为花园营造出一种热带丛林的氛围。

起源

一个成功的外来植物花园需要有“凝聚力”，位于英格兰康沃尔郡的伊甸园项目就是个很好的例子。那里生长着一些在热带雨林或干旱的地中海也能看到的巨型生物群落，这表明了这些植物能够成功适应这里特定的生长条件。

Potager 是一个法国术语，是指观赏菜园或厨房花园。这类花园的美学价值和其蔬菜水果产量同样值得关注。虽然你会看到和其他蔬菜园里相同的植物，但它们的布局往往更具艺术性。成排的洋葱和白菜旁边有花作装饰，而低矮的箱形绿篱中攀爬着小黄瓜和金莲花，修剪整齐的造型灌木在花坛中心作为点睛之笔。这类花园里的植物比传统菜地里的植物生长得更为紧密，通常还会设置一个观赏焦点，如一个结满果实的拱门或走廊等。

美学与饮食

这个厨房花园的设计优先考虑的是美感和秩序感，而不是对丰收的渴求。

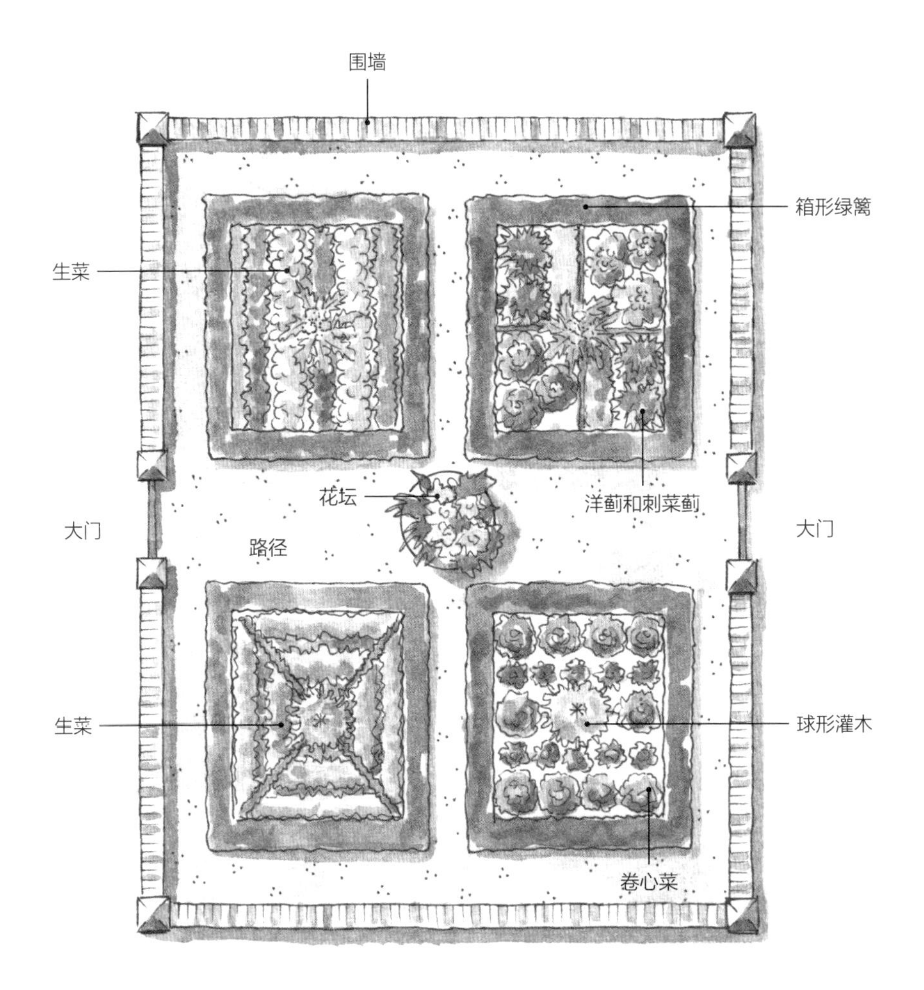

厨房花园

厨房花园里有着各种观赏型蔬菜、草本植物、果树和鲜花（通常为可食用的），在这里，园艺师把它们设计排列成几何图案。华丽的洋蓟和刺菜蓟有着巨大、深绿色的叶子和大大的圆形花蕾。而生菜则有着赏心悦目的颜色，从淡绿色到深紫色，还有光滑或有褶边的纹理。像豆类等靠藤条支撑的攀缘型一年生植物，还有用坚固框架支撑的南瓜和西葫芦，都可以用来创造不同的观赏效果。路径、箱形绿篱和花盆的布置则强调了设计的形式感。

近些年，许多古老的可食用花园已经得到修复，尽管这些花园被设计得很漂亮，但其功能性仍被保留下来。如果把所见之物列一个简短的清单，你就会发现在过去这里曾是一个多么繁忙的地方。在这里，你也许会看到温室、温床（用来栽培娇嫩的水果和蔬菜）、蘑菇种植台、金属棚架（用于栽植前固定幼苗）、藤本植物屋、菠萝园、助长坑（助长几乎所有类型的水果），最重要的还有施肥堆。

可以“吃”的花园

这个铺装道路的宽度足够让手推车通行，植物的支架是坚实牢固的，而不是纯装饰性的。

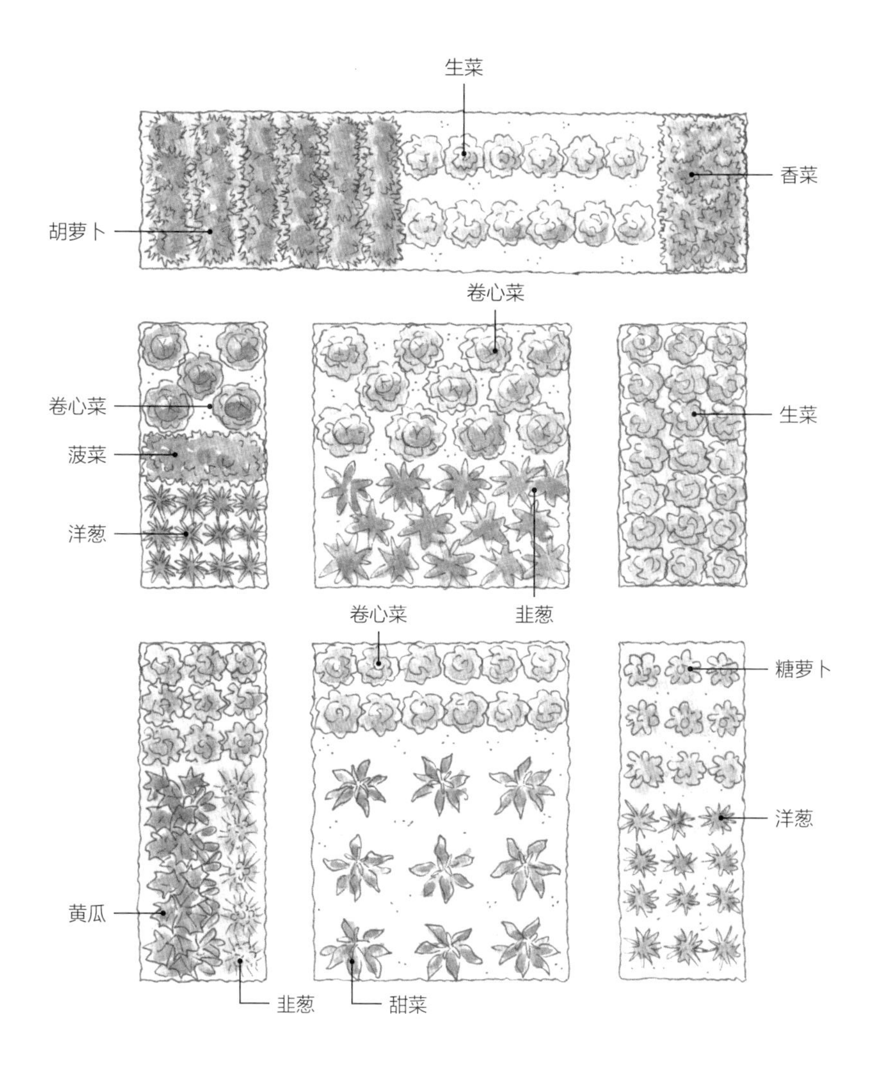

菜地

典型的菜地是一系列长方形的种植台，有在地面上的也有凸出地面的，四周设置道路方便通行和管理菜地。种植台是分区设置的，这样农作物就能够以轮作的方式培育生长了。有些开花植物是可以起到防病害的作用，比如韭葱、万寿菊和牛膝草，而且对抵御害虫也有益处。这种种植方式称为混栽种植。

几百年来，多产的蔬菜园和水果园既是豪宅的特色，也是简陋农舍的特色，只是种植的规模和品种不同。在战争时期，为了响应号召，出现了很多种地运动，如英国的“为了胜利种地”，美国的“胜利花园”，直到第二次世界大战后，英国国内花园里的“食物种植热”才开始降温。然而现在在许多年轻的园艺师圈中，种植可食用植物的热度又开始回升。参观一个运行良好的古老厨房花园，会得到很多启发和灵感，以及获得对过去栽培方法、技术和工具的有趣知识。

助长盆

厨房花园里有许多诸如这种助长盆的有用物品，不仅漂亮还很实用。还有大量比较脆弱的历史物件现在都成了收藏家的宝贝。

钟罩

18 世纪和 19 世纪的大型厨房花园园主雇用了许多园丁来照料珍贵的植物，他们使用厚厚的玻璃钟罩来保护个别植物免受霜冻和雨水的危害。有时你会看到一些幸存的原件。

手工玻璃罩

一个更复杂的新装置是手工玻璃罩，即把玻璃安装在铁制框架里。可以把它们当作是小型花房，罩在需要保护的植物上。玻璃罩上还有可供打开的小门，确保空气的流通。

助长罐

助长罐时至今日还很实用，可以用来种植大黄、海甘蓝等。使用时把幼苗放置到巨大的陶土盆里，遮挡日光，促使植物长高，从而长出长长的浅色茎秆。助长罐一般配有小盖子以方便观察。

洒水车

在有软管和灌溉系统以前，花园里的用水主要靠手推车或马车来运送。在一个设备齐全的厨房花园里，可以看到过去遗留下来的用于取水的储水池和洒水车。

LANDSCAPE FEATURES

景观特色·塑造自然

园林设计最重要的是技巧。无论大或小、宏伟或低调，在某种意义上它们都表达了一种设计师想改造世界的愿望。当身处园林中时，用一种洞察的眼光去审视它：这个景观被彻底改造了吗？眼下这个有着完美形态的山丘是之前就有的吗？这茂盛的草地是怎么形成的？草是给羊群准备的吗？这条河流被截流和改向是为了形成夸张的湖泊吗？许多园林只强调大自然原有的元素，而另一些园林则完全是人类设计的产物。

强调自然

在一座强调自然特色定位的园林里，随处可见到缓坡。

地形

永远不要低估显而易见的事物！无论是修剪整齐的草坪，还是粗放的牧场或开满鲜花的草地，你脚下这片土地的外观很可能是人为设计、选择、维护管理的结果，而并非偶然形成的。

地貌

纵观历史，景观设计师都不遗余力地重塑着自己的景观（许多人如今依旧这么做）。应该注意：设计完成后的结果呈现出的是完全自然的还是刻意人为的效果，并问问自己是否达到了预期的效果。

水

自从有了园林设计，水就成为一个非常重要的造景元素。任何园林，包括在其范围内自然存在湖泊或小溪的园林，水景都提供了绝对的优势效果。不过对水景的管理是有难度的，而且造价不菲。

装饰

为了重塑一个景观，设计师经常运用有生命力的元素，如用植物和水来作为装饰物和装饰性特征。从增强宏伟气氛到营造有趣的感觉，所实现的效果不尽相同。

景观特色 • 家中的草坪

“草坪”可以指景观公园里广阔起伏的草地，也可以指家庭住宅外面手帕大小的一点零星草皮。在各种情况下，草坪都可以作为一种建筑与边界及垂直树篱之间视觉缓冲的场所，并充满绿意地延伸着。得益于机械化割草方式的普遍采用，以前广阔的草坪成为财富的象征，显示出主人可以雇佣园丁掌控杂乱无章的大自然的经济能力。即使在今天，草坪的维护同样需要耗费大量的财力和精力。

路线引导

草坪中的小路通过不同方式随机提供参观路线，还可以控制穿过花园的游客流量。

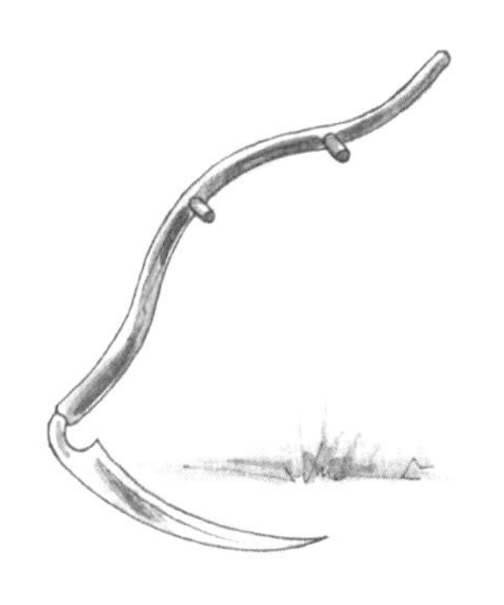

镰刀

除非草被动物吃掉，镰刀绝对算得上当时最高效的割草工具。从罗马时代到 19 世纪镰刀都被用来割草。操作镰刀是个技术活，需要缓慢行进，这样可以取得很好的效果。

割草机

1830 年问世的机械割草机是革命性的发明。早期的模型是马拉、手推的动力形式，后来被蒸汽动力和汽油动力所取代。

辊压机

完美的草坪必须平整光滑。为此，大型园林会使用辊压机维护草坪。19 世纪初，石头、木头及铁制的辊压机运用广泛，通过滚压营造一块平整的草坪。

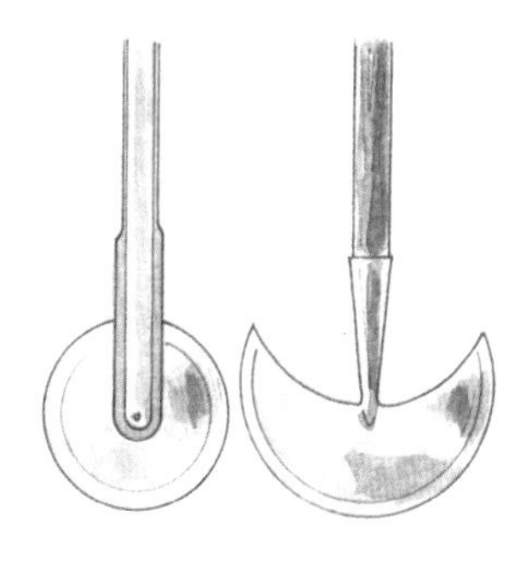

边缘修饰工具

光滑的绿色草坪，还需要辅以清晰明确的边缘界线，以及没有树木侧枝阻挡的路径。为了达到这种效果，现代园丁仍然使用着传统工具，诸如具备圆轮和半月形叶片的切割机。

景观特色·鲜花盛开的草坪

在具备机械割草和化学除草的条件之前，草坪的概念更接近我们今天所见的开满野花的草甸。一些开花植物混合在草丛中生长，包括甘菊、百里香、牛眼雏菊、长春花和三叶草。但传统的草甸正受到农业生产方式变化的威胁，不幸的是，许多古老的草甸已经消失了。近几十年来，一些园丁已经寻求到能恢复生态平衡的方法，那就是在一个更传统的花园布局里开辟一些种植花草的区域。

盛夏的开花草坪

虽然在乡村环境中的大草坪看起来相当美好，但如果你尝试运用一些野生花卉，就会发现即使规模较小的草坪，如嵌草的边缘，也可以产生相当理想的效果。

季节

不同于普通草坪一年四季都保持统一的绿色，开花的草坪能够呈现出季节性的变化。如晚冬的开花草坪可能看起来仅仅像一个田地，而它在春天或是夏末则能够洋溢着丰富的色彩和芳香。

管理

美观的开花草坪需要细心管理，在一年的特定时间里，一旦植物开花结籽，就需要割草和去除杂草。野花也许在贫瘠的土壤里就能繁荣生长，但生长状态良好的插枝也不应该丢掉任其腐烂。

修剪过的小径

值得研究的是，在花园的周围，我们通常会发现一条蜿蜒穿过长长草丛的修剪过的小径，这可以表明一个花草区正在形成。

野生动物

完全不同于依靠化学药剂维持的草坪，这种开花草坪能够为各种野生动物提供栖息地。静静地坐在花丛间，倾听数以千计的昆虫和小鸟围绕着你，发出动听的嗡嗡声，你将会感到非常愉快。

自中世纪起，人们就热衷于在园林中开辟用于嬉戏的草坪。切割过的草坪平坦而广袤，可以用来玩槌球游戏或是打保龄球（草坪中心会逐渐升高，这比在平坦草坪上玩的保龄球更为复杂）。高高的树篱后面，常常隐藏着网球运动区，公共公园里也会有特定的运动区域，如板球、垒球、足球和橄榄球区，但这些在私人花园里并不常见。

金斯顿墨尔沃德花园，多塞特郡，英格兰

在一些大型园林里，经常会有运动草坪。当没有活动的时候，这些绿色草坪又成了一片宁静的绿洲。

槌球草坪

槌球草坪充满怀旧色彩，容易让人联想到爱德华七世时代的夏日午后，但实际上，槌球运动在许多国家得以保留。尤其在英国，它的前身是一种叫 crookey 的游戏，1852 年从爱尔兰传到英格兰，很快获得人们的青睐，由此传播到许多英联邦国家。这是妇女与男子可以平等竞争的最早的户外运动之一，它的受欢迎程度在乡村周末的家庭聚会中可见一斑。

灌木修剪法是指把植物修剪成装饰性外形的艺术。它是一种体现园艺师渴望重塑自然的极端案例，因为没有哪种树或灌木会自然生长成这种整齐对称的形态。采用这种方式的时间可以追溯到古罗马时代或更早。在公元 2 世纪，普林尼的花园里就有大量丰富而精美的修剪型灌木，而且自古至今，这种艺术从未过时。参观园林时，你会对修剪型灌木诸如立方体、球体、圆顶、金字塔、动物的设计形状司空见惯。

修剪型灌木

在园林中，与提供视觉鲜明的建筑形态及结构一样，修剪型灌木也能给游客带来惊喜和愉悦。

灌木修剪成形

修剪型灌木通常采用多种几何形态的组合形式，例如修剪一个立方体或圆柱体，把其顶部修剪成一个圆顶。随着修剪型灌木的体量变得越来越大，修剪难度也随之增大，原来的轮廓往往也扭曲变形了。

螺旋形

最复杂的修剪形状是螺旋形，对修剪灌木的园丁来说，这是真正的挑战。这种设计需要绕着植物用均匀盘旋的线做切割引导。细叶红豆杉非常适用这种方法修剪。

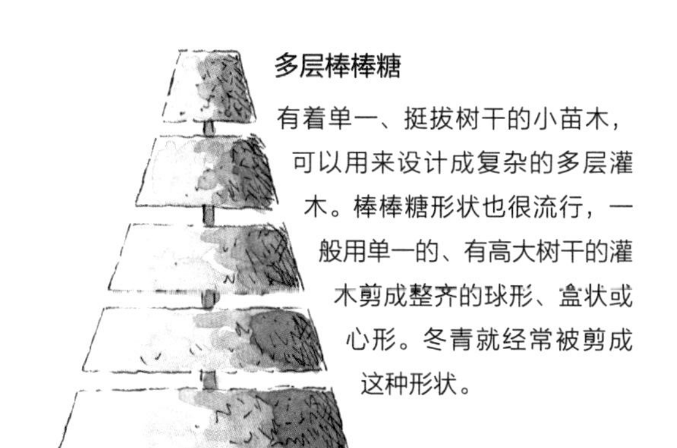

多层棒棒糖

有着单一、挺拔树干的小苗木，可以用来设计成复杂的多层灌木。棒棒糖形状也很流行，一般用单一的、有高大树干的灌木剪成整齐的球形、盒状或心形。冬青就经常被剪成这种形状。

动物

把灌木修剪成充满想象力的动物形状有着悠久的历史，至今人们仍对此保持着极高的热情。鸟类如孔雀是一个反复出现的主题，你经常能看到它们坐在紫杉篱顶上。

景观特色 • 多功能绿篱

在参观西方园林的过程中，你会看到形式多样的绿篱，它们扮演着不同的功能角色。一个高大的绿篱可以用来圈定范围，提供遮掩及保护，这比修建一堵围墙要便宜得多，而且比栅栏的耐久性更好。它们既可以用来形成一个引人注目的林荫道，也可以修剪成装饰性的花坛。像红豆杉、冬青、月桂树、女贞这些常绿植物做的绿篱在规则式园林中很常见。在田园风格的花园中，落叶树如角树、山毛榉、椴树看上去也不错，如果选用月季、鼠刺或芙蓉来装饰绿篱，就更锦上添花了。

米恩 · 雷斯花园，代德姆斯法特，荷兰

在这里，有创新精神的荷兰园林设计师米恩 · 雷斯巧妙地使用芒草来呼应背后规则式的常绿树篱。

法国形式

通常情况下，把绿篱修剪成建筑的形式呈现出的效果不错。在大型的法式园林中，绿篱经过精准的修剪、造型，看上去像极了围墙、拱门、壁龛。上图这种红豆杉绿篱，造型就酷似一座城墙。

荷兰传统

纵观历史，荷兰很早就热衷于在景观园林中使用修剪的绿篱而不是单纯地种植树木，以此适应荷兰的气候和贫瘠的土壤环境。在罗宫，一系列完全由绿篱组成的门廊和窗洞对景观大道起到了强调作用。

日式绿篱

在日本，山茶花和冬青经常作为修剪型灌木出现，你可以看到在围墙上方高高的绿篱或是矮胖的竹篱。通过在高大绿篱的前方设置一个低矮的、单一品种的绿篱，以形成对比来达到分层效果。

乡村风格绿篱

乡村风格的园林经常运用本土的落叶植物混搭形成的绿篱作为边界。冬天，可以清楚地看出传统的多层绿篱形式：先是从旧木材上砍下一段树桩，用锤子锤到地下并夯实，再将其余的绿篱编织到一起，形成一个厚厚的屏障。

景观特色 •“花园房”

在园林里，常把红豆杉或山毛榉修剪成高大而密集的绿篱作为分界线或隔断，即我们经常能听到的“花园房”。这些富有生命力的围墙奠定了园林的基本结构和形式，而围成的空间又给园林设计师提供了尝试不同风格和主题的机会。找找那些包含单一群组的空间，例如玫瑰园或者是呈现季节性的主题，也可以是某些冷色调或暖色调的限制性树种，还可以是那些有强烈对比的区域，例如草坪或装饰性苗圃。

西辛赫斯特城堡，肯特郡，英格兰

城堡里大多数花园都建在地平面上，但因为有观景塔，能在高处欣赏到这个西辛赫斯特城堡里的“花园房”。

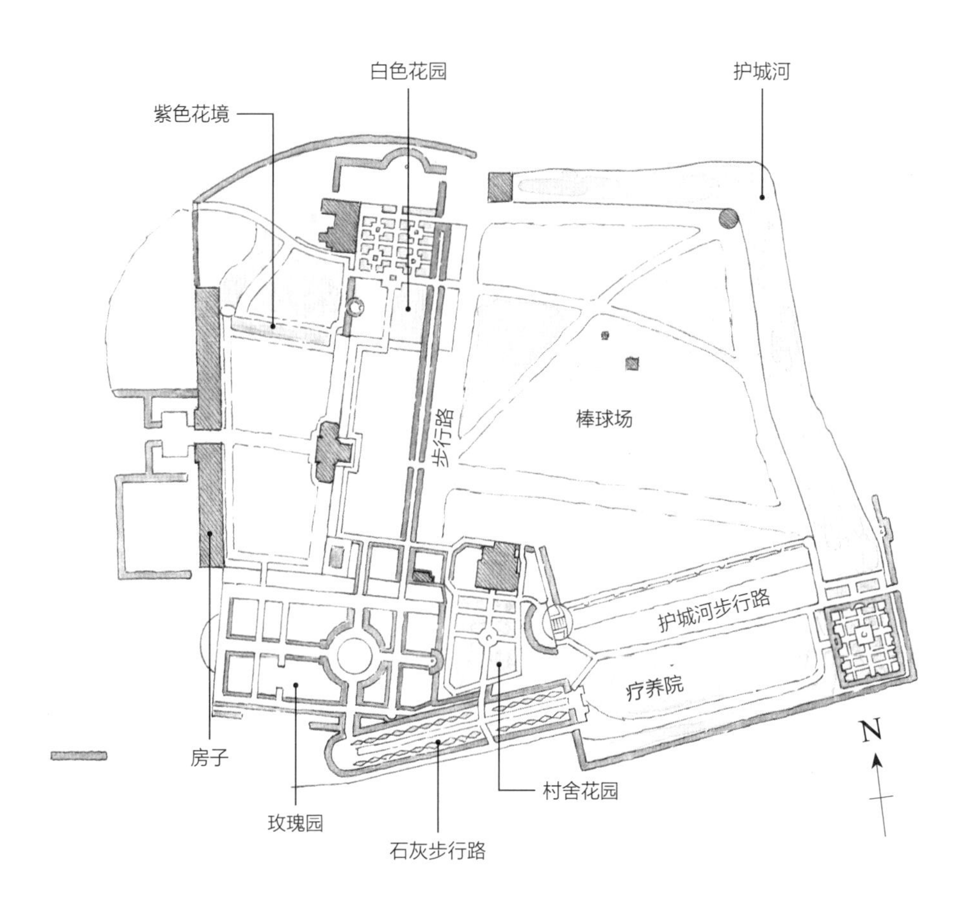

西辛赫斯特城堡花园的平面图

维塔 · 萨克维尔西的丈夫罗德 · 尼科尔森在20 世纪 30 年代初设计了西辛赫斯特城堡花园的布局。这个平面图清晰地展现了自由种植的绿篱是如何巧妙地强调和扩展了原有的砖墙结构的。对比与之相邻的开放性果园，你会注意到那些由高大、狭长的红豆杉树篱形成的令人印象深刻的景色。这种紧密的围合感让花园看上去比实际的大。

景观特色 • 花园迷宫

迷宫（虽然含义不完全一致，但 labyrinths 和 mazes 这两个术语经常交换使用）的起源已经无从考证了。最早的迷宫很神秘且具有象征意义，它一般呈现简单的平面形状。有些迷宫甚至是由开花植物组成的，像个简单的花坛。现在大家所熟知的绿篱迷宫早在 17 世纪就开始流行了。它们是真正的立体迷宫，试图在其圈定的范围内给进入的人带来震撼的感受。大型的迷宫甚至还需要穿越树林。

格伦德根花园，康沃尔郡，英格兰

暂且不论置身迷宫可能带来的惊喜感或是迷失方向的困惑感，仅从一个较高的观赏位置来看，它们是极具装饰性的。

克里特岛迷宫

一座克里特岛迷宫，如果布局复杂且方向明确，就会设计一个合理的单一路径。这象征性地表达了一种宗教思想：通往真理之路必须穿越罪恶的世界。

圆形迷宫

不像克里特岛迷宫那样具有确定性，这类迷宫的内部死胡同很容易让游客受挫、懊恼。文艺复兴时期以来，迷宫就被设定为园林中一种带有游玩、装饰性质的元素，用于消遣和娱乐。

终点

如果你到达了迷宫的中心，通常就会发现一个标志性元素：可能是一座凉亭、一座喷泉或一棵树。也有一些更复杂的，如高起的土丘、瞭望台，甚至是塔，可以用来窥探那些迷路的人。

植物

高大、常绿的树篱组成坚不可摧的围墙，以便遮挡住所有路径。不过也有一些现代迷宫是用竹子、玉米秸秆等更轻的材料围成的（因此有“玉米迷宫”一说）。

所谓隐形边界是指把园林和另一边的自然景观分隔开来，这个概念起源于中国古典传统园林。暗墙是一种植草沟，用来制造场地中高低起伏的错觉，同时还配备有高墙、树篱和栅栏。创造合适的前景对于 18 世纪的景观公园来说至关重要。威廉 · 肯特，查尔斯 · 布里奇曼和“万能”布朗都曾尝试使用暗墙来把花园和大自然联系起来。有许多案例都展现了隐形边界的作用，在美国，华盛顿纪念碑附近就曾经设置了一个暗墙来隔离机动车和羊群。

佛罗伦萨庭院，弗马纳郡，北爱尔兰

暗墙是一种财富和地位的象征，在挖掘机等机械设备发明之前，人们动用铁锹、铲子、手推车来修建这种植草沟。

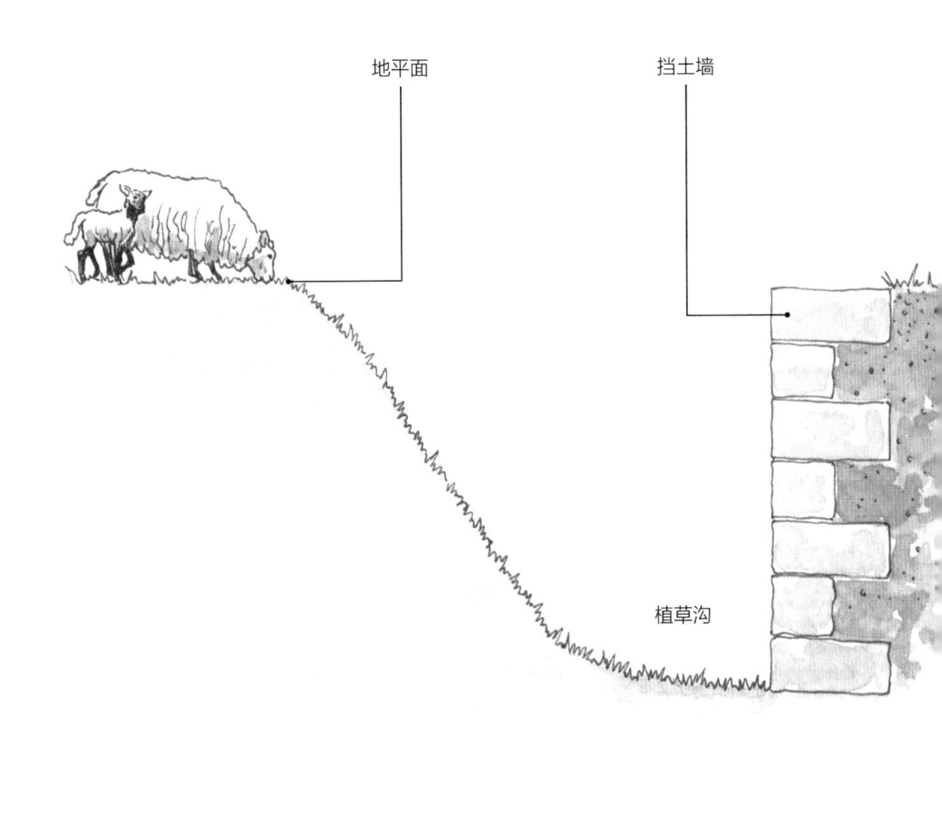

暗墙

暗墙起到了障碍作用，只有在近距离才能看到。它的建造是一边基于一个高度向下倾斜的坡（在草场边上），而另一边是石头或砖砌筑成的挡土墙（在花园这边）。这样做是为了把吃草的动物阻拦在花园之外，而且不需要设置栅栏，同时从外观上看，整个花园就像个农场。这个矮墙的名字据说起源于过路者的惊叹词“Ha-ha！”

对园林中任何大规模地形的重塑都需要足够的空间、财力和想象力。为了能观赏到园林之外的景色，提升眺望点的高度成为一种惯用的手法。为了达到这种效果，你会发现一个叫作堡垒的标志性元素：一个逐步升高且终止于恰当位置的建筑。圆形剧场是用作户外表演的场地，可以提供不同的观赏角度。经典的露天剧场设计一般包含草皮做成的台阶，有时候也会在台阶背后种树。

里扎尔迪别墅花园，威尼托区，意大利

这个绿色的圆形剧场始建于 18 世纪，是路易吉 · 特雷扎设计的大花园的组成部分。留意设置在绿篱壁龛中的雕塑。

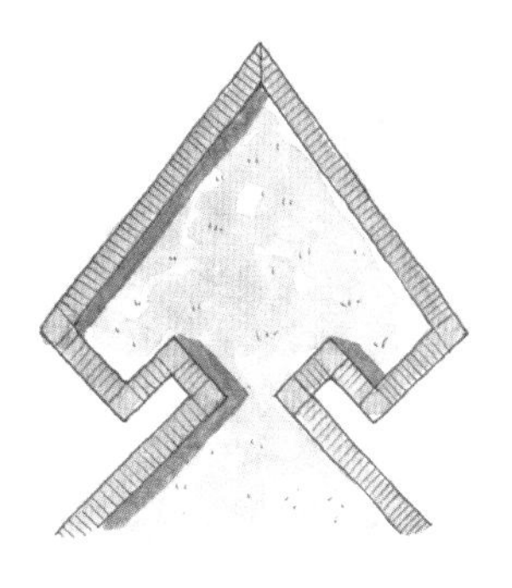

箭头堡垒

传统的堡垒一般都建造成和围墙面对面或是呈一定角度的形式，以此增强防御功能。在英格兰的牛津郡，马尔伯勒公爵的布伦海姆宫中的花园里设置了这种箭头堡垒，一共设有 8 个。

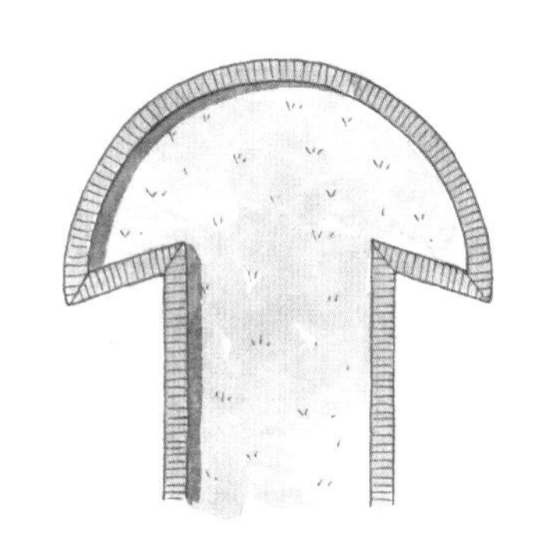

半圆形的堡垒

不同于前面尖锐的箭头形式，半圆形堡垒在视觉上更为柔和舒适。从整个园林范围来说，堡垒给观众提供了一个可以欣赏四周景色的完美场所。

露天剧场

露天剧场在花园环境中占有一席之地，为其增加了戏剧性。这种设计至今还很流行。上图为 1985 年慕尼黑的英式花园中新建的露天剧场，这个花园是欧洲最大的公园之一。

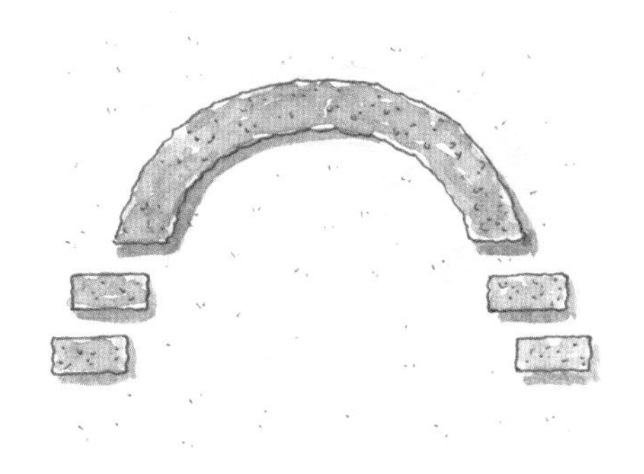

户外剧院

意大利文艺复兴时期的别墅花园通常都包含有户外剧院，意大利语叫 teatro di verdura，或称作绿色剧院。常绿的灌木和树木被修剪成背景和重叠的侧翼，表演者可以将其当作进出口。

景观特色 • 山丘和山峰

如果你在花园中看到一个类似山丘形状的土堆，它很有可能是人造山丘或山峰。设计山丘的主要目的是在上面可以欣赏到宽广的花园全貌及远方的风景。一些山丘是由遗留下来的城堡和树林改造而来的，但大多数是一开始就建好的。一个有代表性的案例：在苏格兰邓弗里斯附近，查尔斯·詹克斯设计的宇宙猜想花园里，就建有一个这种景观型的山丘。

西威科姆公园，白金汉郡，英格兰

园内的建筑位于山丘之上，扩大了视野的同时也强化了建筑作为花园焦点的意义。

金字塔山丘

最简单的山丘是用砖或石头建造起来的，并用土填充，表面种植草皮，山丘有时候也建成金字塔的形状。中世纪战争时期，山丘通常被用作瞭望塔，建在花园中有利的位置。

螺旋形山丘

螺旋形山丘也称为蜗牛山丘，通常修建一条环绕山丘的小路，方便人上下。山丘上和山丘周围都种满树木和灌木，并在山丘顶部建造凉亭。

阶梯山丘

为了方便攀登，通常会在山丘上设置台阶。这些台阶可能是单独设置的，也可能是交错设置的，甚至可能是一个正规的楼梯。山丘上也可能有门通往储藏室或是冰室。

东方山丘

不同于欧洲总是尝试人工化的设计模式，中国和日本则倾向于模拟自然景观，用水泥或者是砂石修建山丘，并种植树木，最重要的是，山丘上常常建造瀑布。

帕克伍德府邸，沃里克郡，英格兰

这个下沉式花园通过设计下陷的水池、高设花台和环绕的绿篱，使其分层效果得到了强调和扩大。

“下沉式花园”是指任何一个设计成下陷场地的花园。这种花园在水平面上的变化通常相当微弱，不及山丘的抬升效果明显。其中最著名的是英国汉普顿宫的下沉式花园，也叫池塘花园、荷兰式花园。许多设计师利用水平面的微妙变化，在相对较小的范围内制造出特殊的趣味和对比效果。

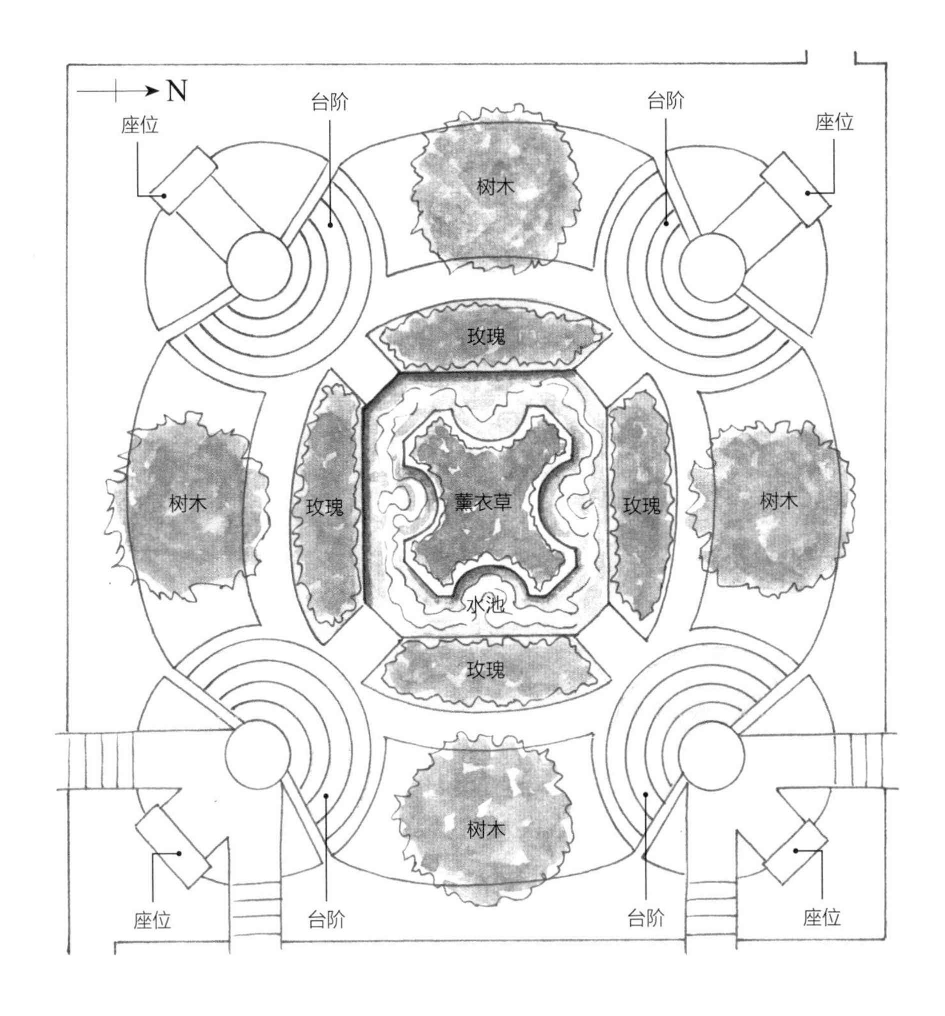

佛里农场的下沉式花园

下沉式花园充分体现了艺术家和园林设计师的个人特色，埃德温·鲁琴斯就是其中一位。其设计的被称为“佛里农场”的下沉式花园在英格兰的伯克郡，整个下沉式花园被紫杉篱笆或围墙所包围，并设计了低矮的梯田式台阶，还包括有浅浅的池塘、溪流和水渠。鲁琴斯在花园中还设计了一个中心水池。四个半圆形台阶一直上升到设有观众席的平台前。种植玫瑰和薰衣草则是格特鲁德·杰基尔负责的工作。

LANDSCAPE FEATURES

景观特色 • 水，无处不在的水

在任何时期、任何文化传统下，水都是大多数园林的重要组成部分之一。湖泊或大池塘可能是自然形成的，也可能是人造的。为了了解水景的起源，我们可以观察与它相关的特征：园林的位置、建筑的年龄、植物或其他元素。这些元素是不是设计成连贯性的构图？或者是不是沿着水的边缘布置？你能找到水的源头（泉水、河流或小溪）吗？或是这个水景就是包含在其中的一个元素？整体造型是规则的或不规则的，还是更自然的？这些问题都可能解释其来源。

不规则的水池

水池创造了一种新的维度，它可以影响植物生长的类型，从而引来各种野生动物栖息于此。

护城河

最初的护城河是围绕城堡的防御屏障，能够把不速之客拒之门外，后来它逐渐成为装饰元素。我们依然可以在很多历史悠久的园林里找寻到它们的踪影。

位置

从房屋的角度看出去，我们经常会看到前景是草坪或花园，近景有一片水体，远景有树林。这就是景观公园的典型布局。

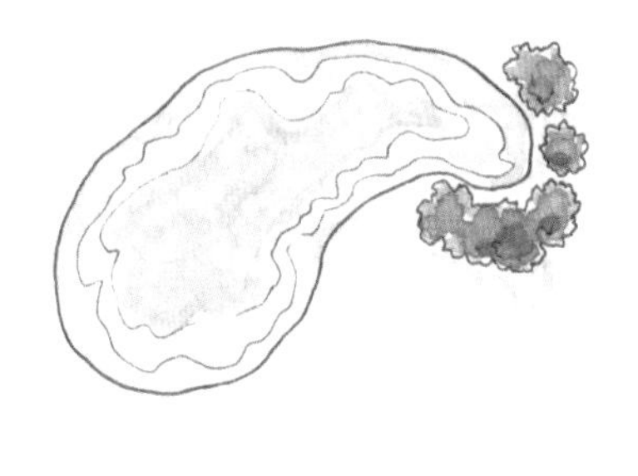

自然湖泊

河流形成的蜿蜒湖泊，虽然一些轮廓可能被人工改造过，但看上去依然很自然。为这种自然改造而进行的筑坝或土方工程总是会花费不菲。

人工湖

如果想把水景在视线中隐藏起来，人工湖就会显得更具说服力、更为自然了。鉴于此，往往通过策略性地种植大型丛生植物或小树林来对水体进行遮掩。

景观特色 • 水池和水渠

水池和水渠远比湖泊更具亲和力，它们通常呈现人为设计、规则的形态。在罗马式园林中，小水池是极其重要的组成要素；在伊斯兰式园林中，四条汇聚到一起的水渠形式寓意着人们把水视作生命之源。在园林中还会看到许多不同类型的水池，都展现出其历史、文化因素所带来的巨大影响。注意观察一片静静的水面，无论大小，你只需要思考它如何成为园林的焦点的，又是如何折射出天空的千变万化的。

格林尼治花园，康涅狄格州，美国

无论是对过去的设计师还是对当代设计师来说，水都富有同样的魅力。如右图所示，由瑞典 OEHME 组织设计的水池就很好地说明了这点。

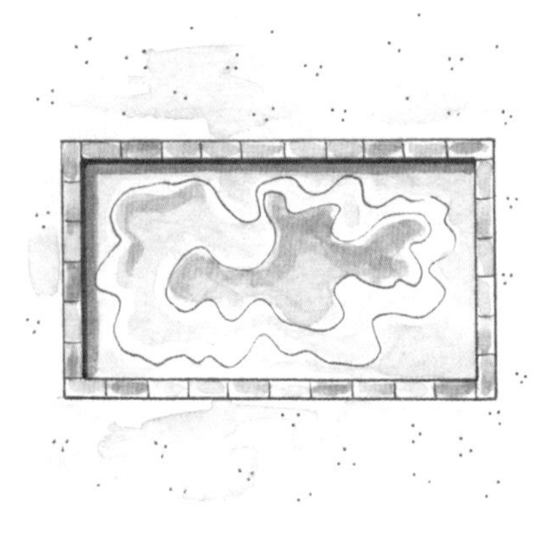

运河

运河是一种人工化的平静水体，通常是矩形的，长度和宽度都差异很大。它可能是功能化的（比如作为水库），或是纯装饰性的，又或者两者兼有。

抬高的池塘

早在中世纪，规则的、对称的抬高式池塘就开始流行了，并且在现代园林设计中依旧盛行。把池塘从地面抬高的设计，拉近了观赏者与水平面的视线距离。

日式池塘

在日式园林中，池塘通常被建造成一个特定的景观类型，如沼泽和河流。日式水景的普遍特征是池塘的整体外轮廓被岩石和植物部分遮蔽，还有小桥和石灯笼作为点缀。

水花坛

在规模宏大的园林中，你会发现设计精美的水花坛。浅浅的水花坛被华丽而复杂，彩色的鹅卵石布满，水波粼粼，像是传统花坛的耀眼升级版。

景观特色 • 水上表演

动态水景园林带来了全新的体验，没有比意大利文艺复兴时期的大庄园对水的利用更充分的了。像在埃斯特别墅庄园、兰特别墅庄园和法尔耐斯庄园这样的巨型建筑四周开辟的水景园，简直就是高度复杂的水利工程，其美轮美奂的雕塑也同样令人叹为观止。看看水是如何在瀑布、喷泉、游泳池、池塘、水槽、水幕等水景中不断被创新利用的。这些动态水景对后来的园林发展产生了巨大的影响，尤其在路易十四的凡尔赛宫中表现得特别突出。

凡尔赛宫，法国

1 英里（约 1.61 千米）长的大运河在阿波罗的华丽喷泉前终止。阿波罗是太阳神，路易十四想借此把自己比喻成太阳神。

喷泉盆

喷泉一词来源于拉丁文 fons，为泉水之意。最早是把大理石放置于天然的喷泉之上，后来是为了防止泉水受到污染而进行遮挡。现在仍然经常可以看到简单的盆状造型物安装在喷泉底座之上。

喷泉池

随着时间的推移，喷泉盆已经得到了精细化发展。在一个喷泉池中，上方盆里的水流到下方规则形状的水池中，再通过循环泵装置把水抽回到喷嘴中重新往下流，周而复始。

分层喷泉

通过增加几个喷泉盆，可以制造出一个分层的喷泉水景。结合塑像和装饰石雕，形成了装饰性很强的喷泉景观。和自然喷泉有关联的神话水仙女经常被装饰在这种喷泉中。

壁龛喷泉

这种喷泉是分层喷泉的一种变体，通常设置在一个壁龛中。建筑方案中常出现这种精心的设计。这种设计的一个主要优点是：所有的水利设备都能被巧妙地隐藏在壁龛的后面。

没有哪种园林水景形式可以像瀑布那样令人印象深刻。虽然都是有关运动和声响，但是结构上会有不同。多数日式园林都包含有瀑布景观，它的规模取决于园林的大小，可以是自然式的也可能是人工化的，无论哪一种，整体看上去都很自然。为了形成对比，园林中的瀑布通常不会完全模仿自然瀑布，而是通过对这种自然元素的复杂操控及巧妙的手段来吸引人。事实表明，无论哪种瀑布景观，其建造和维护都需要高昂的投入。

阿尼克花园，诺森伯兰郡，英格兰

这个大瀑布是近期建造的最壮观的落水景观之一。12 分钟内平均每秒有连续 350 升的水流出。

阶式瀑布

在一个宏伟的、高投入的建筑规划方案里很容易便可以找到大体量、规则式的瀑布设计。这类瀑布通常被设置在稍微倾斜的地面上，水经过层层台阶跌落，所有的水泵设备都隐藏于地下。

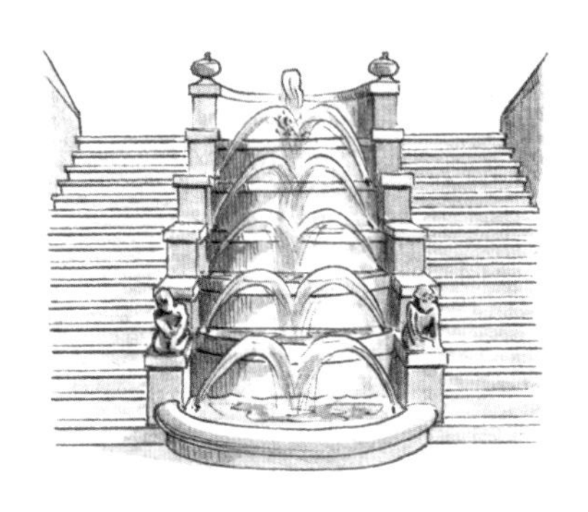

喷泉瀑布

设计师尝试在瀑布设计中寻求创意和变化。多数瀑布的基座都比较宽大，但也有一些比较窄、坡度比较陡，两侧均设有台阶。有时候可以通过加入多个喷泉来增强额外的趣味性和动态美。

日式瀑布

在日式的瀑布景观里会有很多种形式的变化，每种都有相当具体的形态，而且从它们的名字就可以看出水的样貌。站在瀑布下，人们眼前看到的是激流穿过岩石飞流而下的景色，动人心魄。

阶梯瀑布

还有一种变化手法是阶梯瀑布。欣赏这类瀑布景观时，注意观察水流是如何被凸出的岩石所打断的，这些岩石就像是被故意设置成的不规则台阶。这种结构形式导致瀑布产生难以预知的形态，从而增加了意想不到的戏剧性效果。

在16世纪的意大利，有一个给人们带来惊喜的著名的娱乐水景——giochi d'acqua，后来这种形式迅速传播到俄罗斯、英国等世界其他地方。水源可以隐藏在雕像、小径或其他园林元素里，以喷泉的形态突然喷射出来淋湿毫无防备的游客们。17世纪，建于奥地利萨尔茨堡的海尔布伦宫就是个特别复杂的案例，它是根据希腊神话进行规划设计的，包括动态水景、岩洞、无数的喷泉和水射流。

惊喜

娱乐水景的设计中最重要的是惊喜的元素。它们通常隐藏在一个诸如日晷这种很平常的地方，当不知情的游客停下来观察太阳的位置时，会突然有水流从中央的喷嘴喷射出来，给游客带来惊喜。

妙招

在英格兰德比郡的查茨沃斯庄园，依然可以看到一棵 1862 年复制的铜柳树（原版始建于 1693 年）。水从这棵美丽精致的树枝上流下来，洒落在游客身上，带来无尽惊喜和愉悦。

有屋顶的井口，纽约州，美国

在井口上方的屋顶一般具有实用性，而非纯装饰性。建屋顶是为了保护井口不受垃圾的污染，也为了方便在恶劣天气中打水的人们躲避风雨。

水井通常是罗马庭院的重要特征，经常出现在众多中世纪修道院花园里的木版画上。意大利文艺复兴时期，用大理石做的井口和上面的石雕都非常精美。几个世纪以来，许多井口已被当作规则式花园里令人印象深刻的焦点，所以你可能会在很多地方看到它们。西班牙风格的水井通常用砖或石材做成，表面还贴有装饰瓷砖，偶尔还会有一个井楼，虽然只是一个建造在井口上的小型建筑，却也别具一格。

井口

井口可以设计得简单也可以设计得华丽，有很多装饰精美的井口是基于柱头的形式设计的，有些设计还包含人物或动物形象的装饰条。很多井口通常是充当装饰元素而非功能角色。

水井架

水井架是一种装置，用来支撑开放型井口上面的滑轮和绳索以及链条和水桶。它一般由锻造的铁或石材做成，通常被装饰得很华丽。

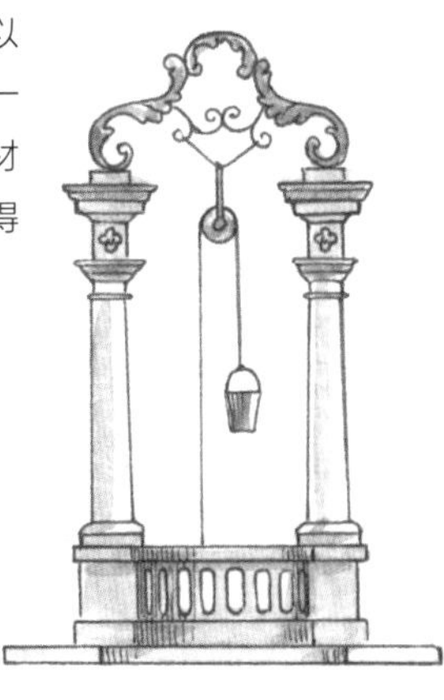

美式井口

在美国殖民地风格的建筑中，井口都有完整的屋顶，但是四边是敞开的。井口的顶部会有个木制的盖子。这些井口在住宅周围很常见，不仅很实用，而且引人注目。

溢流井

溢流井是指一个小的圆形水池，上方有一个半圆形的穹顶。壁泉的水倾泻下来，流入水池。在工艺美术运动风格的花园露台上经常可以看到这种溢流井，水池里装满的水主要用于灌溉。

溪流是流经花园的细小水渠或水沟。它们多数情况下是直线形的，但是偶尔也能看到蜿蜒曲折的自然形成的溪流。在西班牙园林和荷兰园林中，它们被称为运河。它是工艺美术运动风格的园林中反复出现的主题，也是当代设计师极力复兴的一种水景形式。

海克花园，卢塞恩，瑞士

常见的溪流一般设在平坦宽广的草坪上，溪流的周边种植了很多水生植物。

小溪平面图，赫斯达科姆花园，萨默塞特郡，英格兰

其中最著名的小溪是在1904—1906年由埃德温 · 勒琴斯设计的，位于英格兰的赫斯达科姆花园。它们实际上是两条细细的水沟，处在花园以东、大平台区域的西部。小溪的每一侧都用哈姆丘陵岩镶边。种植设计由花境设计大师格特鲁德 · 杰基尔亲自完成，整个花园呈现出的完美状态使之成为她所完成的修复设计中的最佳案例之一。

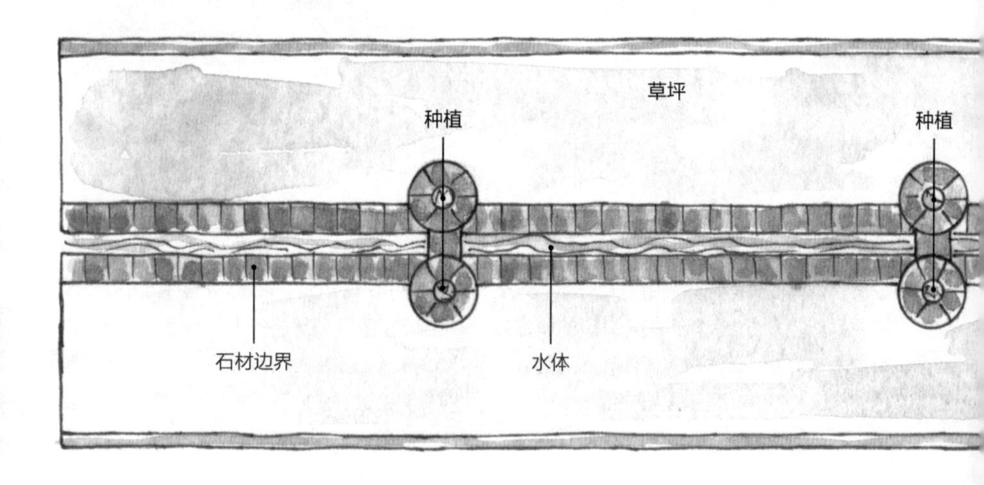

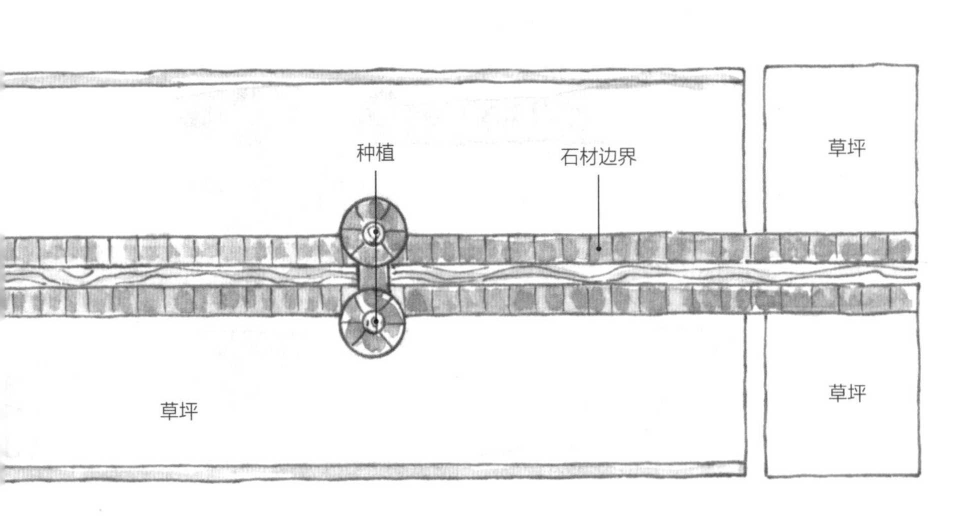
种植
石材边界
草坪
草坪
草坪

GARDEN BUILDINGS

园林建筑·功能与装饰

GARDEN BUILDINGS

园林建筑 • 导言

建筑是大多数园林的重要组成元素之一。辨别其结构类型、风格和施工质量，有助于我们了解园林主人的地位、财力和志向，以及一些有价值的历史背景。对建筑屋顶构造的魅力的追求普遍存在，以至于各种各样的建筑屋顶出现于世界各地各个时期的园林中。而且你会发现它们大不相同，从宏大的到微小的、从纯粹装饰性的到具有强大功能性的，对园林参观者来说都是值得关注的地方。

马诺阿 · 伊利亚克花园，多尔多涅河，法国

这座漂亮的 18 世纪阁楼不仅为水池边的区域提供了建筑美感，更重要的是，它也被当作这个花园的焦点。

功能

想一想你面前的建筑有什么功能，它可以提供庇护（为人或植物）、转移视线、炫耀财富，或只是提供了可以观赏花园的最好视角?

识别

“这是什么？”这个问题并不总是容易回答。这是一座阁楼、凉亭、夏屋、水榭？事实上，它可能是所有这些东西，其实这些令人费解的术语似乎常常可以互换。

风格

园林建筑可以很古怪。它们的处理通常没有主建筑那么严肃；它们的结构并不总是那么严谨，也不一定遵循当地的文化传统或使用当地的材料。

用途

一个建筑的用途很可能随着时间改变。在一座园林中，当初为公众开放的橘园现在可能变成了咖啡馆。而其他地方，一座牧羊人小屋现在可能是一座亭子，又或者一个旧的盥洗室现在成了工具房。

庙宇是园林中最宏伟的建筑物之一。虽然与英国风景园密切相关，但也会在其他地方看到庙宇的存在。庙宇总是有顶，侧面可以封闭或开放，有足够容纳几个人的舒适空间。许多庙宇有柱廊，上面有一个门楣。你会发现这个模式的变化，如英格兰白金汉郡的英国名人殿，实际上是一系列互相连接的庙宇，每个庙宇里都有一种展示半身雕像的壁龛。

斯托海德，威尔特郡，英格兰

在位于斯托海德附近的几座庙宇里，万神殿是其中最宏伟的一座。其他几座是献给太阳神阿波罗和花神弗洛拉的。

位置

庙宇是一种造价高昂的建筑形式。注意它们的位置，它们应用于园林中是为了达到最好的效果，经常被一种特定树木包围或者倒映在湖水中。

柱式

许多庙宇是古典作品的模仿副本，但也有不同的结构和装饰元素的组合。这座庙宇就是成对的爱奥尼亚柱式和山墙的组合。

风格

有时候庙宇也会运用混搭风格。哥特式建筑远比古典样式装饰性更强。一座庙宇的风格并不一定与其所处园林中的主建筑风格相呼应。

建造

高品质的庙宇一般用大理石或切割石材修建，其他的用砖或混合几种材料完成。屋顶可以铺瓦片，但特别如穹顶，则要以铅板成型。

其他建筑是指圆顶型或者宝塔型建筑，与严肃的古典庙宇类建筑相比，它们是园林中更有趣味性的建筑符号。一个圆顶型建筑基本上是一圈柱子上面加一个穹顶，体量比庙宇小，几个边是敞开的。中式的宝塔在 18 世纪园林中的运用就如同东方装饰在室内设计中的运用一样，非常流行。

查斯尔顿旱田，牛津郡，英格兰

这座精巧的宝塔在英国园林中刻画出了东方的符号。日式风格的桥梁进一步增强了这种东方特色的效果。

设计

观察设计中的变化之处，例如方柱上方的拱券、粗面石阵和穹顶上的精致尖峰石。有的墙面开口处装有玻璃，使得建筑结构能防水而更具有功能性。

圆厅

尽管一个圆厅可能对遭遇倾盆大雨的游客很有用处，但实际上这种古典的建筑形式的实用功能不大。它们更多的是作为一个视线焦点，即景观中的点睛之处，更适合从远处观赏。

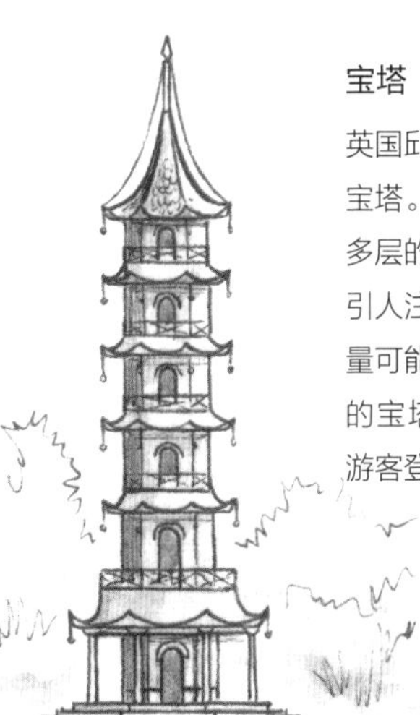

宝塔

英国邱园的宝塔是一座中式宝塔。园林里这样高大的、多层的、八角形的建筑是很引人注目的景观。楼层的数量可能会有所不同，邱园里的宝塔有 10 层，可以方便游客登高远眺。

风格

在英国邱园的宝塔建成后，东方风格的建筑开始在欧洲的许多园林中出现。它们的规模和建筑细节有很大的不同，但都给园林增添了轻松有趣的气氛以及迷人的魅力。

园林建筑 • 阴郁的洞窟

洞窟的历史可以追溯到古希腊、古罗马时代。16 世纪，这种建筑形式随着意大利文艺复兴，再度在同时期的整个欧洲园林中兴起。洞窟内部是神秘的洞穴式，外部通常是规整的建筑形式。相比之下，英国的洞窟里里外外往往都是自然主义的。洞窟可能是天然的也可以是人造的，虽然其在炎热的夏天里凉爽宜人，但洞窟的主要存在价值还是其象征意义。

斯泰诺植物园，杜布罗夫尼克附近，克罗地亚

中心舞台上是海神尼普顿，两侧有两个水仙女，这个巴洛克风格的洞窟是 1736 年重建的。之前的洞窟在地震中损坏了。

中国洞窟

中国洞窟远比欧洲石窟的结构复杂。奇形怪状的岩石被人为安排组合，象征着神圣的仙山。

哥特式的洞窟

虽然一部分洞窟的外部看起来只不过是陡峭的洞口，但大多数洞窟具有比较正式的外观。这座哥特式的洞窟有窗以及一扇石门，还装饰有贝壳工艺品。

龛窟

注意这类洞窟的规模。一些龛窟是大型地下洞室的通道网络，而有些只不过开凿在墙上或置于灌木丛中。在龛窟中，水是一个至关重要的元素，它可以由天然泉水提供或用水泵从水池中抽取。

建造

仔细观察洞窟是自然的、人造的还是两者相组合的。天然材料包括石头、化石和凝灰岩(压缩火山灰)。在这些材料上，还会装饰贝壳、镜子以及人造钟乳石。

瞭望亭是为了观赏整个园林而建在地势较高处的小型建筑。它可以是开放的或是封闭的，方形的或八角形的，可以处于一个角落里，也可以位于一个小山包上或一个迷宫的中心。gazebo这个词的含义就是指一个人们可以坐在里面同时能够享受高处观景乐趣的建筑。这个词可能是拉丁语“ebo”和“gaze”的结合，合起来就是“我要观看”的意思。有点令人费解的是，现在这个词被随意使用，用来指代园林中任意一个可供游客坐下的建筑。

汉伯里花园，利古里亚，意大利

这座瞭望亭位于一个俯瞰地中海的海角上，充分利用了地势的高度。

亭

亭一般是敞开式的，位于一个相对的高点，并建在有三个台阶的基础上。如果修建在桥上或池塘边，那就是最理想的观景点。

乡村风格

用乡村的木材建造的亭，经常用茅草或瓦片做屋顶。这种形式的亭在 19 世纪的公园和住宅花园里非常流行，尤其是在英国。同样受到青睐的还有极具吸引力的瑞士风格、德国风格的小屋结构。

精致的格子

镂空网格一直被用作凉亭通风透光的“墙”。它能遮阳，又具有一定的私密性，且不会完全遮挡视线。其他的替代材料有木格和锻铁。

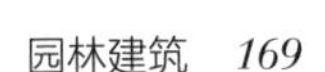

废墟塔楼，米思郡，爱尔兰

这个建筑虽然提供了一个观赏风景的制高点，本身也能吸引眼球，但还是没有实际的功能——也许有吸引力——就像大多数的废墟塔楼一样。

与大多数的园林建筑不同，废墟塔楼没有任何实际的用处。它们是追求戏剧性和幻想的产物，也是大型园林建造传统的一部分。在 18 世纪，欧洲园林因为盲目追求时髦，匆忙建造了众多像城堡、塔楼、隐居所或遗址类的建筑。这些建筑纯粹是为了激起不知情的游客的好奇心。

讽刺

这是毫无功能性的园林建筑的极端：一个模仿摇摇欲坠的废墟的全新建筑。在 18 世纪，大多数劳动者还没有足够的住房，建造这样的建筑确实够讽刺！

废墟

注意废墟建筑的风格，因为它可能是在传达一种和美学相关的理念。碎片、城堡、假回廊给人带来浪漫、侠义或悔恨等各样联想。

根屋

极端的隐修所是根屋，用巨大扭曲的树根构造的一座怪诞的小屋，这里并不适合居住。英国的贵族们都特别喜欢这种异形的结构。

避暑屋有时也叫作花园凉亭。避暑屋比寺庙或瞭望亭的功能性更强，且外观形式千变万化，同时包括垂钓房（湖边）、运动房（在保龄球场、网球场边）和泳池房（靠近游泳池，里面有更衣设备）。这种避暑屋也可以是一个工作的地方，许多名人都隐居在此思考和创作，其中有萧伯纳和弗吉尼亚·伍尔芙。

规则式避暑屋

避暑屋的位置可以远离尘嚣，以便隐蔽和静修。虽然这座避暑屋的功能很多，但是在池畔花园中还是显露出平静与孤独的气氛。

避暑屋

一座避暑屋可能部分开放或完全封闭。前者的设计提供了夏季遮阴的地方（有时被称为阴影房），后者则可以在凉爽的气候中提供更多的功能。和园林庙宇一样，它可能与主建筑风格不同。

亭阁

亭阁历来与休闲、归隐相联系。在 17 世纪法国的大型园林中，亭阁代表着远离宫廷生活。无论以任何标准衡量，这些建筑都非常精美。

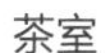

茶室

许多日式园林里面都有茶室，其中一些的历史可以追溯到 16 世纪。这些建筑包括一个开放的等候室和一个封闭的茶座，游客聚集在此，参加正式的饮茶仪式，这是一种极具审美情趣的体验。

帐篷

中世纪，具有东方风格的临时柱子加布料的组合结构被引入到欧洲的花园中，以提供遮阴的地方。欧洲的花园帐篷风靡一时。18 世纪时，有的帐篷实际是用锡板制成的，但表面被涂刷成帆布的样子。

游客看见的大量建筑，其功能和用途并不总是显而易见的。然而，这些建筑都能实现一定的功用，起码在过去是这样的。无论作为门楼、宴会厅、船屋、冰室、吸烟室，建筑师往往把这类地方的建设当作令人玩味的“伪装”进行设计。越接近住宅的建筑物，越具有家用功能性，而距离远的则不太可能被日常使用。

瑞士花园，贝德福德郡，英格兰

这个迷人的瑞士小茅屋（有完整的烟囱）为花园提供了一个焦点，这是 19 世纪 20 年代设计师翁格利勋爵设计的。

门楼

门楼是财富和地位的象征。它们通常被设在一个大的公园里或建筑入口处，有利于门卫监控所有来访者。农庄附近也常常有门楼，一般位于院子的大门处。

宴会厅

自文艺复兴时期后，许多欧洲的豪宅花园都有单独的宴会厅。主人和客人就在这里享受餐后红酒和甜品，同时从上层的房间里欣赏园景。

船屋

在大型园林中的湖边或河边，经常能看到令人印象深刻的用于停靠船舶的建筑，旁边停有平底船或独木舟。这些建筑极具想象力，不仅美观，而且呈现出各种风格，建筑上方也可以包含一座避暑屋。

冰室

冰室用砖或石材建造，用来贮存冰块，通常设置在地下以增强隔热效果，在冰箱发明之前这里用来储存易腐烂的食物。尽管具备这样的功能性，冰室还是成了奢侈建筑的代表元素之一。

园林建筑 • 高处的风景

西辛赫斯特城堡，肯特郡，英格兰

大量壮观的建筑结构，例如塔楼，其修建历史一般早于它周围的园林，建在西辛赫斯特城堡花园里的伊丽莎白塔楼就是一个例子。

观景楼 (belvedere) 和塔楼是园林中最显眼的建筑之一。“belvedere”这个意大利单词指“看到的美丽”，用来指代高大的建筑构造，例如塔楼，可以用来欣赏壮观的景色。许多塔楼最初作为防御工事，称为哨塔或瞭望塔，后来被改作游乐场所。但是还有一些塔楼的建造目的仅仅只是为了满足视觉需求，并成为从远处观看的主导性景观。这样做的意图就在于使建筑成为引人注目的焦点。

目的

虽然塔楼的设计风格形色各异，但主流倾向是强调建造的结构合理性而非天马行空的想象力。它们像阴沉的音符，制造庄严的气氛。尤其是在公共场所，塔楼常作为某个人物或事件的纪念物。

风格

塔楼的设计可能是古典式的或哥特式的，圆形的或方形的，凸出的或阵列的。它们的高度变化很大，但通常都位于一处高地，这进一步强调了它们的重要性。塔楼越高，就越能彰显出主人的富有。

钟塔

顾名思义，钟塔是建筑结构里具有至少一个时钟面的塔楼建筑。许多钟塔具有四个时钟面，每个方向的墙面上都有一个钟，以便人们从不同距离、不同角度都能看得到时间。

位置

钟塔在公园比在私人园林里更常见，小钟塔可以作为其他功能性的园林建筑的一部分，如建在门楼或仓库上。

GARDEN BUILDINGS

园林建筑 • 玻璃中的花园

玻璃房，或者叫花房，是一个实用的建筑体，最常建在工作区域，或接近工作区域的地方，如厨房花园里。它们在寒冷和潮湿气候下保护娇嫩的植物，同时，玻璃屋顶还能引入较大的光照。尽管玻璃房的创意可追溯到罗马时代，但温室的真正普及是从 17 世纪开始的，当时的一些花房具有相当大的规模和复杂的设计。到了 19 世纪，在气候恶劣的地区，园主和园丁都开始使用小型花房。对园丁来说，需要决定哪些植物可以种，以及何时何地种，花房在这个过程中都是一个可利用的主要工具。

花房内景

花房被当作花园中心的发动机房，它的用途是培育娇嫩的植物，保护它们免受外界不利因素的影响，从而延长寿命。

花房

为了让花园一年四季都给人留下深刻的印象，需要充足的植物储备，这个时候花房就显得至关重要。花房可以提供适合某些类型植物生长的特定温度、光照、通风和湿度。

单坡式花房

在大的家庭花园中，会在高高的院墙边修建一座或两座花房。这些建筑物往往具有非常吸引人的外观，因此，相比于大型花房，它们经常被设置在较显眼的区域。

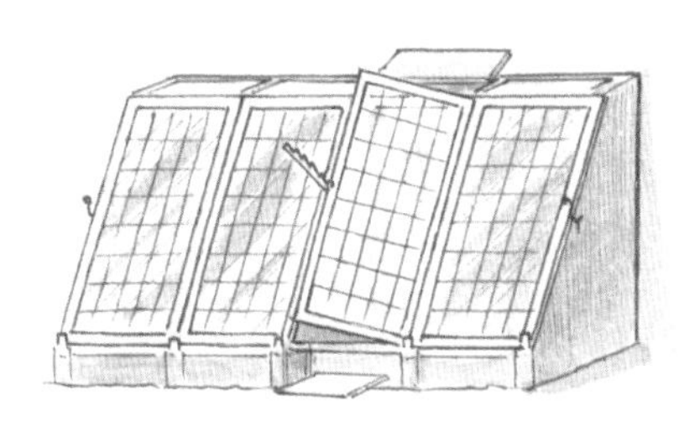

斜坡式冷架

花房可加热也可不加热，而冷架，正如它们的名字所表明的，从来不加热。移栽前将柔弱的盆栽植物放置在这种冷架上来适应室外条件的这段时期，也被称为“强化期”。

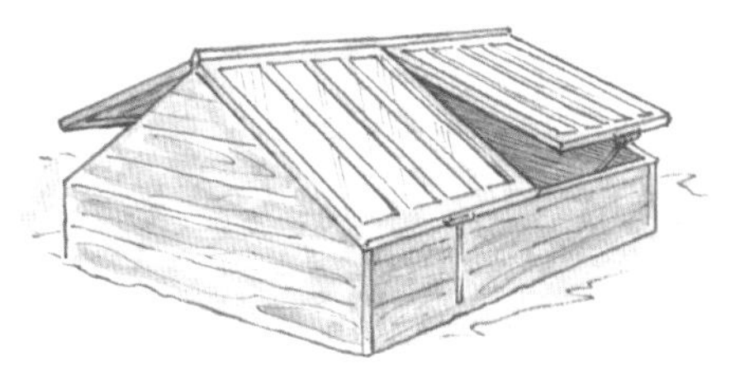

独立式冷架

冷架本质上是一个砖制的或木制的盒子，上面有可移动的玻璃面板，可以倚靠着墙面（通常是温室的墙面）或是独立放置。面板在白天可以部分或完全移开，并可在晚上温度下降时放回原处。

在这些统称为玻璃房或花房的建筑物里，有一些致力于培养某一特定类型的花卉或水果的栽培区域。包括葡萄房、菠萝房、柑橘温室、棕榈房、桃树房、草莓房和无花果房等，旨在创造最好的条件促进花朵和水果的产出。注意观察光照、温度、通风和根部空间是如何变化以适应不同作物的生长的。相比之下，蘑菇房（或蘑菇棚）是一个阴暗的区域，所有的光线都被遮挡在外。

桃树房的修建目的

在这个经过完美修复并保持在理想条件下的桃树房里，油桃开花结果：合适的温度、湿度和光照是必不可少的条件。

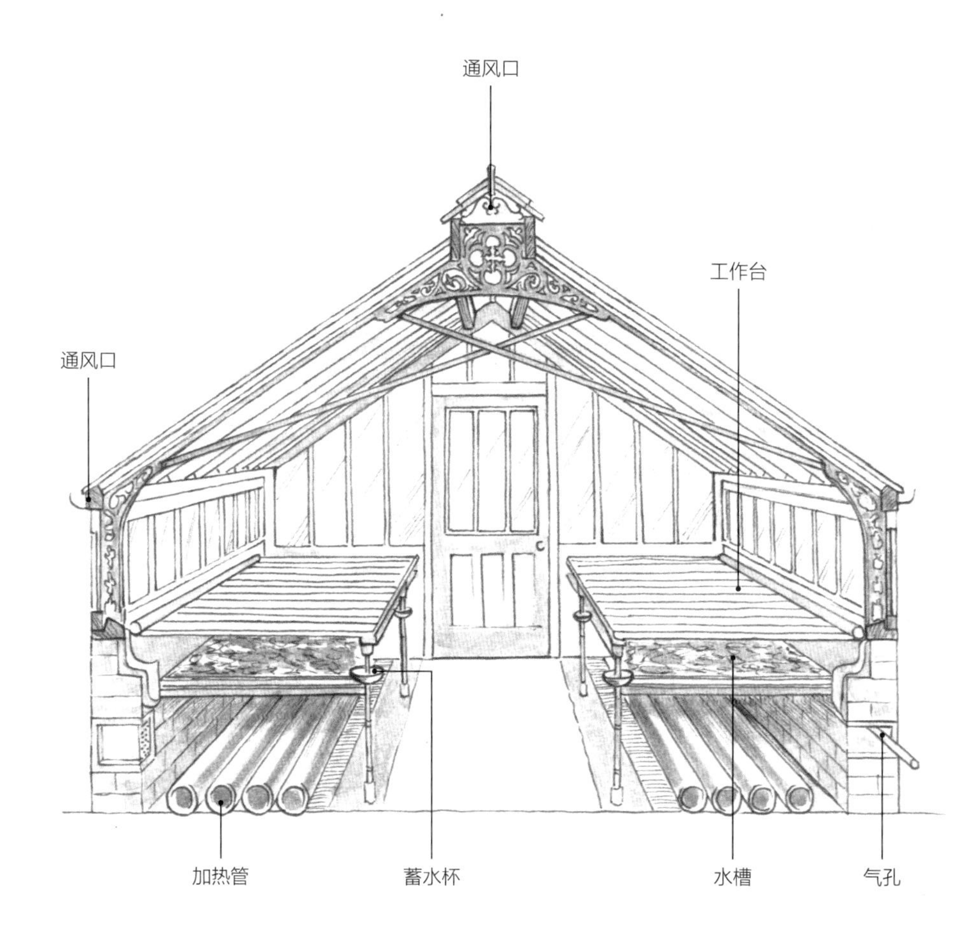

兰花花房

这个兰花花房建于 1900 年左右，虽然当时这个花房仅仅用于培育一种花卉类型，但从这张横截面图的复杂性可以看出园艺师在设计与建造过程中的良苦用心。空气是从侧通风口进入的，然后循环经过地面热管时被加热，铁立柱顶端附近设置蓄水杯，防止如蝓这种害虫爬到植物上造成损失，木质工作台下面的浅水槽可以用来提高湿度。

花房是为放置植物修建的，而温室里虽然也布满了植物，但主要还是为人所用。在私人和公共的园林中有不同规模和不同设计的温室，范围从独立的大型植物展馆到住宅中连着房屋的玻璃房。许多温室还拥有覆土很深的种植台，用来种植大型品种。19 世纪出现的冬季花园其实是一个大型温室 (有时有一个坚固的屋顶，而不是一个玻璃顶)，它通常被设计成公园和休闲度假村的一部分。温室方便人们在恶劣天气条件下也可以漫步观赏这些美丽的植物。

皇家植物园，爱丁堡，苏格兰

1858 年，爱丁堡皇家植物园内的温带棕榈园建成，当时成本是 6000 英镑。

材料

铸造技术及铁艺的发展以及 19 世纪平板玻璃的发明，使得建造复杂的、人们能负担得起的温室成为可能。

条件

注意一下温室的建造年代和条件。它是原始的还是修复的？是不是早期温室的复制品？鉴于它们的建造目的、高昂的维护费用和保温供热的成本，所有的大型温室都特别容易腐朽。

位置

靠近住宅的小温室往往状况好些，因为它们能够和住房一起得到维护管理。它们大多坐落在建筑的南面或东南面，以便充分利用太阳光照和热度。

设计

一座独立的温室很少需要考虑建筑学上的严谨性，但是为了确保美观和谐，如果连接着住宅，则需要呼应其建筑风格。图中哥特式风格的温室，其装饰设计风格就是非功能性特征的线索。

柑橘园是地位很高的建筑，只有在富足和有威望的园主的花园里才会见到。在可以通过航空货运提供来自世界各地的食物之前，橘子和其他柑橘类水果在更凉爽的气候地区可是相当难得的美食。培育柑橘要求具备相关的专业知识，以及适宜的生长条件。为了达到此目的，园丁给柑橘树修建温室，通过在室内加热度过寒冬，在夏天又把它转移到户外巨大的种植容器里。虽然设计各有不同，但柑橘园是一种风格明确、容易辨认的建筑类型，特点是拥有宽敞通风的房间和便于光线照射进来的高窗。

卡尔斯奥园，卡塞尔，德国

这座装饰华丽的柑橘园建于 1710 年，卡尔伯爵把它作为他的新巴洛克风格花园的中心。除了给柑橘树提供房屋，1747 年，它还短暂地成为一只名叫克拉拉的犀牛的家！

功能

当夏季柑橘枝头空空如也时，柑橘园通常作为休闲观赏的场所。但无论作为潮流装饰还是必需品，柑橘园都渐渐衰败了，很多已变成了雕塑园林或是展览空间。

建造

柑橘温室远比普通温室或玻璃房壮观得多，其建造也始终是更具实用性的。屋顶设计通常反映其主要建筑的风格，并且大多建在规则式园林里，还经常配有水池、草坪和修剪的灌木。

栽培

最精致的柑橘容器具有可折叠的侧边。这种结构使得园丁修剪根部时不需要把柑橘树从盆里移出。为了使柑橘树健康结果，专业技能和精心的呵护是必需的。

容器

将柑橘树种在巨大的木质或陶瓷容器里能够便于转移。这些容器通常都设计得非常漂亮，因为它们在夏季的几个月里，也是花园景观的组成部分。许多容器上面还有供搬运时抬的杆子。

园林建筑 • 茅屋

在一个不起眼的角落里或在一个厨房的院墙边，你偶尔会邂逅一个小而简单的建筑，它看上去似乎不符合园林建筑的类型。因为在过去，这可能是提供给菜农的宿舍。这种简陋的住所，被称为“茅屋”。在朝南的花房中，植物沐浴在温暖阳光里时，年轻、未婚的男性园丁却在一墙之隔的北边小屋里瑟瑟发抖！

花园小屋

许多曾经作为园丁宿舍的建筑物都已被改造成小巧玲珑的花园小屋，并完整地装饰着灌木和攀缘花卉。

住宿

现今园丁的住宿条件已经有了很大的改善，园丁长单独住在一所房子里，另一个园丁助手则住在一个工人宿舍里（通常靠近马厩，或者就在马厩上方），或许还有一位年轻的学徒住在茅屋。

位置

在有加热温室的花园里，茅屋需要靠近锅炉房。在寒冷的冬夜，需要有人定时向锅炉中添加燃料（通常由男性园丁负责）来确保温室保持一个恒定的温度。

条件

许多茅屋都已经破损严重，或者已经被改造成工具房或盆栽棚。注意院墙两边的条件对比：一边是一个优雅的装饰区域，另一边则是个原始的小屋!

规矩

20 世纪初，当女性开始进入园艺行业时，雇主必须改善其提供的住宿条件。受过教育的年轻女性不愿意生活在传统的茅屋里，也不愿和男性同住一屋。

FEATURES 特征 · 建筑细节

特征 • 导言

在一座园林的诸多景观元素中，真正打动你的可能是园林的建筑细节特征，而并非植物、景观特色或是园林建筑。这些细节可能是横跨湖面的一座桥，也可能是一个开满花的花钵。它们可能是功能性的，例如围墙；或者是纯装饰性的，例如雕像。这些特征都有助于体现园林本身的结构和风格。从细节运用的水平和质量可以看出最初设计师对这个项目的关注程度和花费的成本，还能展示出后期管理者是如何维持园林形态的。

瓮和柱廊

一个精心选择的设计元素，例如这种优雅的装饰瓮，对于奠定园林的风格和营造较好的意境都有很大的作用。

风格

大量不同风格元素被运用到主题建筑中。一些具有实际功能，如作为棚架的支撑；而另外一些就仅仅用作装饰，例如立柱。思考一下为什么要选择这种特定的风格。

目的

即使是看上去最平淡无奇的细节也可能有它的意义。例如，一个花园的大门，它是开着的还是半开着的，虚掩着的还是拴起来的，都传达了一种完全不同的信息。大门可以邀请你入园参观，也可以把你拒之门外。

意图

诸如雕塑之类的设计元素，其风格和内容可以表达严肃感或是幽默感。要注意细节特征的设置是否与其整体风格和谐统一。

永久性

注意观察园林中的细节是如何体现潮流的不断演变的。改变座椅或是植物容器要比改变花园的布局容易得多（也便宜得多）。

特征 • 装饰和装饰品

从历史的角度看，正如装饰在建筑中的重要性，装饰风格在园林设计中的主导地位往往也是显而易见的。你会经常看到这些运用于各种物品表面的装饰图案。考虑以下问题：这种设计风格地选择合适吗？它与本土文化有关还是受国外影响？同时注意一下，这种风格和花园的时代性是一致的还是不一致的？装饰图案的运用有利于设计师在场地里创造出更多的趣味和戏剧效果。

东方特色

中式装饰品的最主要特色就在于它们的精美程度高，这一点在这座美丽的景桥上体现无遗。

东方风格

在中国和日本的园林中，你会看到东方风格的图案和装饰的各种应用。从大型的结构如月亮门或桥梁，到小规模的元素如家具，其使用范围涵盖颇广。

古典风格

古希腊和古罗马的设计及后来的重新解读，都为世界上很多国家的设计师们提供了重要的范例。古典风格的图案精细复杂，常交织着神话中野兽和天使的形象。

哥特式风格

在旅途中你常会看到华丽的哥特式风格的设计，从窗框到花盆，应有尽有。这种风格因其包含自然植物的图案形式，在英国传统园林中很受欢迎，并且这种风格与乡村园林有着密切关系。

庭院花园，坎佩切，墨西哥

立柱是修道院走廊的重要建筑元素之一，围绕走廊的还包括中庭花园，它可以提供荫凉和保护隐私。

立柱是指一种高大、通常呈圆形的柱体，一般是石头材质的，也有个别的由木材雕刻而成。这一简单的设计在平面图上通常是矩形或者正方形的，由砖砌筑。我们可以从园林中的立柱上看出许多文化差异。作为园林建筑的一部分，立柱可以是建筑结构或建筑装饰的一部分，例如庭院中的走廊。另外，还经常能看到立柱被用来支撑凉亭和廊架的横梁，但偶尔也会被设置为没有功能性的装饰元素。

柱式

欧洲古典建筑语言来源于古希腊和古罗马的模型。其中，最重要的元素就是柱式结构。大多数立柱都拥有柱基、柱身、柱头和柱上楣构（飞檐、雕带和过梁）。每个部分都有装饰，并且遵循精确的比例。在世界各地的园林中都能看到遵循这种设计原则而设计的立柱。但它们的使用并不总是严格遵守古典建筑的规则，也可以根据用途来调整。

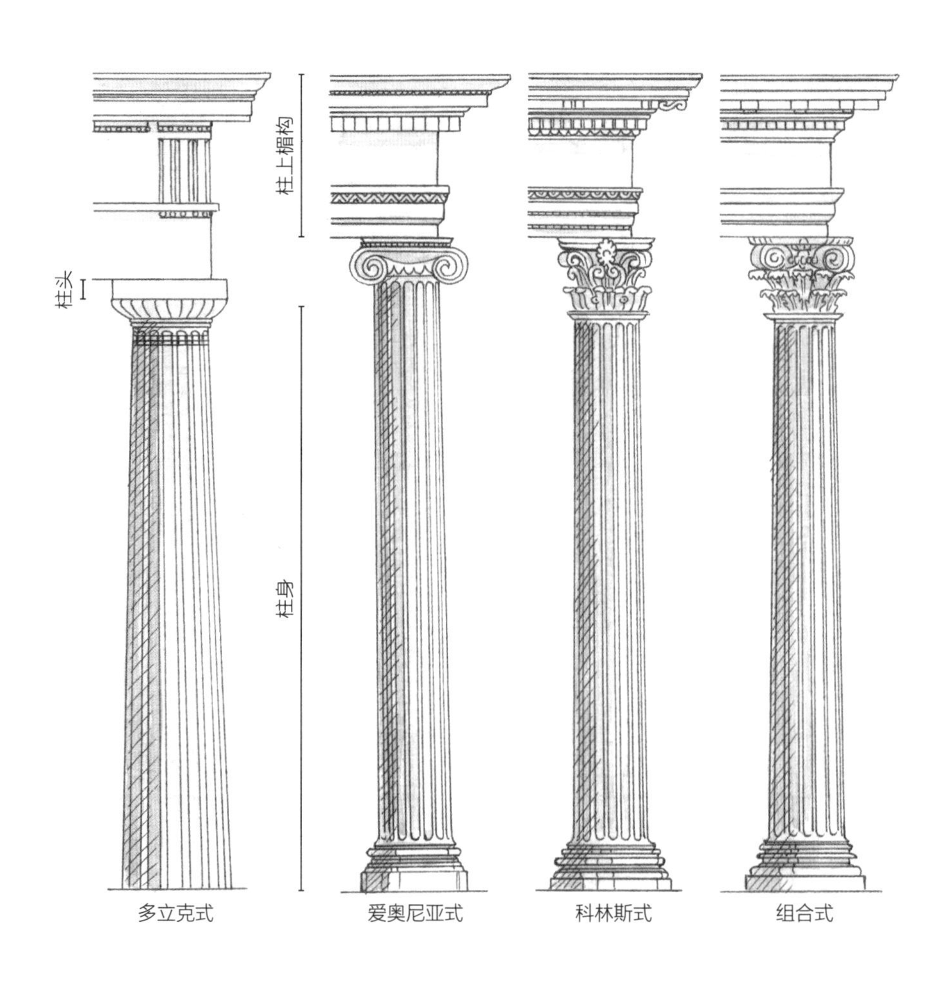

特征 • 绿色长廊

很多花园里都有一个或多个成组出现的建筑元素，即各种形式的长廊、棚架、凉亭、走廊等。虽然名称和设计形式不尽相同，但是功能上无外乎是提供树荫乘凉，同时形成一定程度的私密空间。位置一般选择在有利于观赏景观和眺望远景的地方。廊架也为攀缘植物提供了有力支持。最令人印象深刻的是文艺复兴时期的经典廊架，这已经成为工艺美术运动风格园林的主要特征，并流行至今。

木结构廊架

夏天，廊架布满了郁郁葱葱的攀缘植物，而在冬天，它的框架外露，更像是一个建筑物。

凉廊

凉廊是指一排由立柱组成的一个走廊或拱廊，它通常附属于一个建筑，有时也可能会在花园里发现一个沿着花园围墙修建的长廊。

廊架

廊架一词来源于拉丁文 pergula，它一般被设计成两行竖立的支柱或是木桩，用来支撑上方网格排列的横梁。它的形状可以是方形的、拱形或曲线形的，并朝向天空敞开。

枝编棚架 / 凉亭

对棚架的定义有些令人费解，“arbour”和“bower”似乎可以互换。棚架一般比凉亭和廊架更小，这些掩体顶部和侧面都是开放的，为攀缘植物提供生长条件，通常还设有座椅。具体的设计形式根据情况不同会有所变化。

拱廊

拱廊是走廊的一种演变，可以把走廊想象成一个拱形的、布满攀缘植物的绿色通道。一般选用轻型框架结构，有铁制的也有木制的，有时候也用格架。

FEATURES

特征 • 方尖碑和立柱

方尖碑、立柱或是其他引人注目的元素，可以增强景点的高度和正规性。无论是单独使用还是安排成有节奏的序列，其效果主要来自高大、细长的形状。所以，它们很自然地成为古典柱式设计的变化要素。为了达到最佳的效果，它们必须被设置在较大的空间中，通过远景来烘托。在设置这些元素的时候一定要格外小心，比如，要注意它们是否终止了远景，或是否把视线从次要景观上转移开来了。一个特别大型的景观焦点可能是权力和地位的象征，也可能是某种过去建造的防御性建筑物，例如瞭望塔。

美丽岛，马乔里湖，意大利

这座方尖碑的位置和邻近的人物雕塑确保了从近景到远景的最佳视觉效果。

柱廊

柱廊是一排规律间隔放置的立柱。在园林中，它们通常是独立的，没有任何可连接的柱上楣构。柱状植物，如柏树和爱尔兰紫杉有时会被种植在柱廊之间，可能被剪短，也可能仅是自然地直立在那里。

方尖碑

方尖碑是一个自下而上逐渐变细的立柱，通常由石头做成，放置在四边形、三角形、圆形或八边形的基座上。方尖碑在古罗马时期很流行，在意大利、法国的规则式园林中，它被看作是一种建筑风格的复兴，表面刻有纪念性的碑文。

半圆形后殿

半圆形后殿是一个半圆形的建筑物，像极了教堂里的后殿。它在 18 世纪的景观花园中很受欢迎，通常由成排的立柱、拱门和一系列相连的壁龛组成，也偶尔是建筑物和树篱的联合体。

点睛之笔

顾名思义，这里的点睛之笔指任何可以捕捉游客注意力、吸引其眼球的设计元素。无论是塔、立柱还是雕塑，位置是最重要的。为了保持和访客的足够距离，它们可能设置于花园边界之外。

特征 • 边界标记

几乎每个园林都会有边界，无论明显还是不明显。边界类型包括围墙、栅栏、沟渠、护城河、树篱、林地或其他结构。关于园林的边界用途在本书反复出现的主题中已经多次提到了，例如所有权、隐私、圈地、展示等，这些想法都通过物理边界表达出来。考虑一下边界是封闭的 (如一个坚不可摧的围墙、栅栏或篱笆) 还是开放的 (只用暗墙 / 沉降式栅栏分隔，或是镂空的树篱)，因为这可以暗示着主人对待外面世界的态度。

有围墙的花园

像围墙这种类型的边界，虽然经常会有一部分被植物所遮蔽，但还是成了划分花园内外的重要分界线。

实体墙

建实体墙的材料有很多种，最常用的是砖和石材。尽管它们在高度上会有所不同，但是一个环绕花园的围墙是经济实力的体现，也给人一种永恒之感，并为主人提供了私密空间。

皱褶曲柄墙

围墙可以为植物的生长提供很好的防护。注意那种呈波浪形弯曲起伏的墙体，也被称作蛇形墙或曲柄墙。每一个凹角都可以创造小型气候，为柔弱的植物提供额外的保护。

墙帽

围墙的顶部经常会设有压顶，俗称墙帽。墙帽的设计一般是花园围墙设计的重点。有一些设计很精细，如图上这种复杂的城堡形墙帽，但此类非常规设计的建造费用不菲。

中式墙帽

东方园林有很多宽大和坚实的墙体，墙帽的设计也非常独特。典型做法是在外伸弯曲的墙檐上形成一个小尖顶。注意彩色琉璃瓦的频繁使用，它们既可用在墙顶也可嵌入墙内。

特征 • 开放式边界

对游客而言，能够使视线畅通无阻的开放性边界，比高大坚固的围墙更具有吸引力。虽然边界普遍都是用牢固的木材、铁、砌筑砖来建造的，但在建造和设计上，边界的形式可以变化多样。经常能在园林中看到一种重量轻、开放型的围墙材料——格子框架、装饰性铁艺，它们可以成功地用于分隔空间或遮挡不想让人看到的景色。木栅栏是最便宜的选择，但其使用寿命比别的材料短。

村舍式围栏

这个木栅栏虽然结构简单，但增强了这座园林的景观性。

尖桩篱栅

许多园林里都有这种整洁的木制尖桩篱栅，尤其是在北美地区。一般漆成白色，你会看到木桩（竖向）、扶手（横向）和顶饰（装饰性顶部）在设计上有无限的变化。

铁栅栏

铁栅栏从 19 世纪开始流行。精心设计包括可以定制的细节，如盾形纹章或交织的首字母。它们通常用在城镇花园中，将正式的区域围合起来。

格子框架

从简单的格子栅栏发展而来的格子框架是开放的木制栅栏，通常具有非常复杂的设计。除了用来围合和屏蔽某个区域，它也用作建筑结构装饰和攀缘植物的支架。

“千里眼”

这种被称为“千里眼”的装置是一种在园林中采用开放型边界的完美例子。它是一个华丽的铁艺门，设置在围墙或树篱内，让游客的视线可以穿透过去看到园内的景色，但不能穿行入内。

比斯凯努斯宫花园，布拉加，葡萄牙

这是一个构造精细且极具观赏价值的门墩，它当然符合杰基尔的格言：游客渴望进入其中去找寻期待已久的惊喜。

格特鲁德 · 杰基尔曾写道：“一个好的入口应该把陌生人带入一种心境中，他会看到自己将接近的是什么，应该能激发他游览的兴趣，就像一部歌剧的序曲。”你会遇到各种类型的花园大门，从最宏伟的大门到最简陋的破锁房门。然而，请注意，由于管理游客交通的必要性，许多花园不再使用原有的入口，你进入的可能是后门，而不是前门，这实在遗憾。

经典的门

门最初的目的是封闭和防御，这一目的现今继续在花园设计中得到表达。图中这座大门传达出力量和气势，虽然这座门实际上仅仅是个装饰。

门墩

门墩的存在给建筑师提供了众多能够精心创作戏剧性花园入口的机会。请注意，它们的顶部通常有花哨的饰面，雕刻纹章的兽像（如狮鹫）或者超大的观赏瓮。

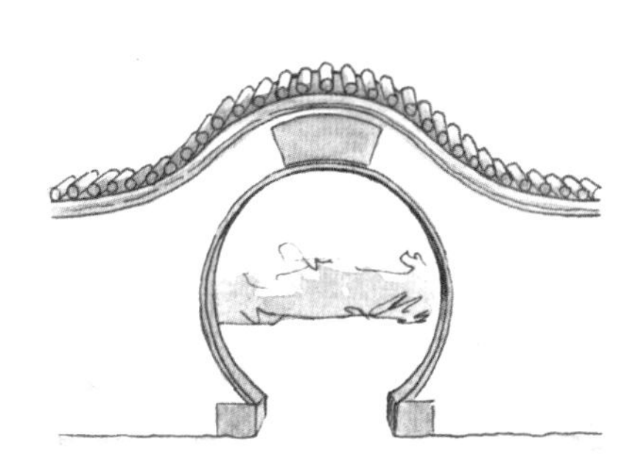

月亮门

月亮门（也被称为月洞门）是一个设置在中国传统园林墙体内的圆形孔洞。

停柩门

停柩门是一个拥有巨大屋顶的门，经常设有简单的座位。最初只在墓地的入口有这种门，但后来在 19 世纪的英国乡村园林中很盛行，设计上具有浓郁的乡村风格。

古代美索不达米亚的神庙和古巴比伦的空中花园是最早有文字记载的在园林中使用台地的例子。后来，台地设计成为意大利文艺复兴时期的园林和法国大型园林最重要的设计元素。通俗地说，台地是一个用来行走和观赏花园景色的平台。通常采用硬质材料如石头进行铺装，它从房子延伸出来或者建在房子附近。台地的设计常把地形抬高，并可能通过一段段的阶梯连接几个不同层次的水平面。

博伊斯城堡，波厄斯郡，威尔士

博伊斯城堡以最高的标准修建于 1680 年，四周由精美的雕塑包围，参观者漫步于这些台地，可以轻松想象自己正置身于意大利，而不是威尔士中部。

栏杆

一个台地的边界会设有一排矮墙或是栏杆。虽然有不同的设计，但最好是用石材建造成立柱，也就是我们所说的栏杆，它可以支撑顶部延伸的扶手。如图这种球状的栏杆很常见。

设计

在这个例子中，栏杆柱之间的间距较大。注意，一半的（在这种情况下一般选择高腰设计）的栏杆是如何被用在边缘的实心墩上的。这种设计的目的在于弱化栏杆的存在感，并标记出台地的位置。

风格

建造栏杆之前，栏杆的设计应与其建筑风格相一致。这种哥特式的风格设计，保持了尖顶装饰的细节。其他流行的设计形式有：石材做成的田园风格的小塑像，以及橡果形状的顶部装饰。

细节

沿着栏杆的长度方向，你经常会看到一排排华丽的石瓮和布满鲜花与绿植的种植容器。宽大的台地上还可以找到座椅，配有雕塑的壁龛，甚至小型的壁泉。

FEATURES

特征·蜿蜒的阶梯和简单的台阶

拥有完全平坦地形的花园是非常罕见的，因此，阶梯和台阶是大多数花园的基本特征。然而，阶梯除了满足把游客从一个平面运送到另一个平面的基本功能需求外，还可以提供一个宏伟壮观的视觉焦点。各种各样的台阶有其完整的功能特征，比如，台阶可以设在台地上，作为庙宇和亭阁类建筑的一部分；也可以设置在塔楼或瞭望楼里面、设在栏杆旁边，或设置在下沉式花园里以及山丘和堤岸上。

从实际出发设计的台阶

一个异常陡峭的位置，恐怕需要的不只是精心建造的台阶，还需要同样坚固的挡土墙来保证其安全性。

规则式楼梯

意大利文艺复兴时期的园林建筑师，善于设计出高度精细和复杂的台阶，以此适应他们的丘陵地形。请注意在这种对称式复式台阶模型基础上产生的诸多变化。

装饰

许多这样宏伟而华丽的台阶，都是通过昂贵、精细的栏杆以及立柱和石雕进行美化和装饰的。请注意设计师是如何通过台阶这种方式来展示雕像的，还有一些台阶旁建有完整的喷泉和半圆形的涌泉。

随机的汀步

在另一种类型中，你会看到毛石做成的汀步，它们一般直接铺在地面上，简单而随意。这些汀步蜿蜒曲折，可以穿越如林地等更为自然的区域，或用作跨越小溪的简易桥梁。

质朴的台阶

在野生或林地类的园林中，你会经常发现更为质朴的台阶，它们由黏土组成，并用劈开的木材做间隔。这类台阶在宽度上有变化，一般只设置在特别陡峭的斜坡上。它们非常实用，同时却不引人注目。

FEATURES

特征 • 沿着花园的小径

花园的小径有宽有窄，有直有曲，材质上有硬质也有软质，变化无穷。在公共花园或公园中，小径的设计很大程度上是由穿过特定区域的人流来决定的，而在私家园林里，则可以更多地从美学的角度去考虑设计风格。传统的软质材料备受青睐，如碎贝壳、细石砾甚至是煤渣，通过木板或装饰瓷砖形成边缘来固定位置。后来，石材和砖成为首选的铺装材料。

选择适当的小径

如果选择大块厚重圆润的石板来做铺装，无论铺成任何形式，都容易获得赏心悦目又持久的效果。

编篮式铺地

用石材和砖铺地耐磨却昂贵，并且需要一个熟练的工匠进行施工，特别是如上图这种铺装样式。注意这种砖的品质（颜色和纹理）及其设计的复杂性。

人字形铺地

在一个大面积的区域，如门廊，把砖块铺成这种传统的人字纹样式，看上去特别具有吸引力。狭窄的小径可能更适合简单的设计，如在那些边缘处设置花坛或水池。

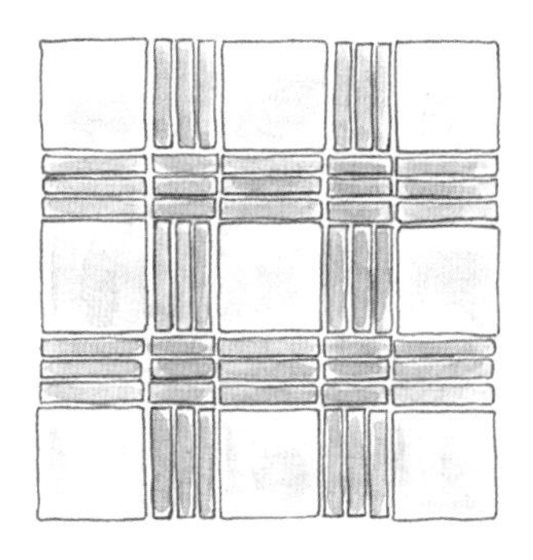

混合材料

使用精心挑选的材料进行混合搭配可以获得非常好的效果。请注意这些和谐搭配，例如这种砖和鹅卵石组合的道路。它创造了一个有趣而耐磨的表面，适用于任何交通繁忙的区域。

纹理

你将看到最成功的混合型材料之一：陶瓷和砖的组合。这种材料在众多工艺美术运动风格的园林里备受青睐，这些漂亮的纹理使小路、矮墙、台阶都极具美感。

特征 • 架设桥梁

桥架于小溪、河流或湖泊之上，是帮助通行的一种功能性建筑物。但在园林中，桥对景观的装饰性作用大多超过了其实际用途。事实上，那些在位置偏远、人迹罕至的区域里的桥梁只是为了吸引眼球而已。在更极端的情况下，有的例子可能更华而不实，如建于伦敦肯伍德花园的木制桥梁，是一个纯粹的“绣花枕头”！当然，景桥一直是东方园林的一大特点，在 17 世纪和 18 世纪的欧洲园林中，景桥的设计也十分重要，特别是在大型的景观园林里。

莫奈风格的花园

印象派画家克劳德 · 莫奈在他法国吉维尼的花园中，修建了一座日式风格的桥，引得世界各地的设计师竞相模仿。

日式桥

夸张的拱形日式桥，具有安藤广重的浮世绘风格，桥身是木头做的，通常刷上红漆，还有装饰性的框格和尖顶。它们的象征功能在于连接日式园林中概念不同的区域。有时也铺设更为简单的花岗岩石板来跨越较小的溪流。

中式桥

除了跨越河流或湖泊的功能之外，中国特色的“驼峰”桥提供了观赏周边景色的更高的视野。这些桥通常用砖或石头做材料，还常常建有雕刻的栏杆。半圆形的桥洞空间要足以容纳下方的小船通过。

帕拉迪奥式桥

在最壮观的桥梁之中，你会看到那些根据 16 世纪意大利建筑师安德烈 · 帕拉迪奥设计理念而设计的桥。安德烈 · 帕拉迪奥曾设计了位于威尼斯的里阿尔托桥。这类桥的经典特征包括柱廊和人字形的拱门。

原木桥

桥梁建设经常被看作一次给花园提供趣味性和戏剧性的良机，其中受哥特式风格影响的设计屡见不鲜。这些运用对比手法、简单质朴的原木桥在 19 世纪很是盛行，现在依然在很多国家中流行。

假山是中国和日本古典园林中的传统特色之一，也用于古罗马的建筑和文艺复兴时期的洞窟。自 18 世纪以来，欧洲的园林中引入了大体量的假山，旨在模仿大自然的景色。然而，一种全新的运用假山的方式是在维多利亚时代的英国发展起来的。岩石花园或假山，是将进口岩石复杂排列，创造微型山地的景色，其间种植小型的高山植物、适合岩间生长的植物。如今，那些更大尺度的假山依然流行，通常还包括水池、石桥。

园林置石

巧妙地将置石、植物与园林中的自然景观组合到一起，使之看起来既不喧宾夺主，也非不值一提。

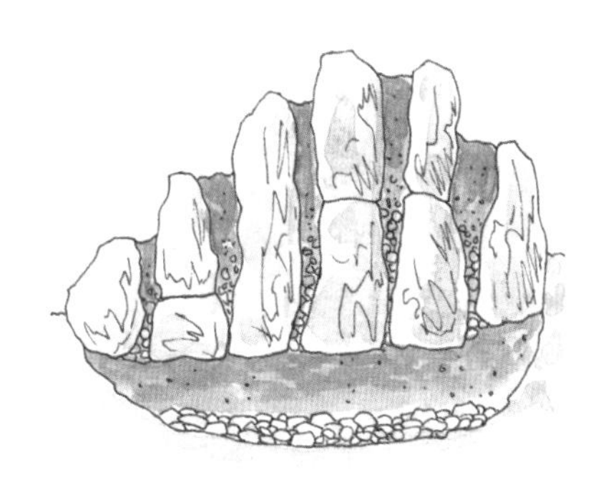

建造

好的假山看起来十分自然，如上面这个假山的横截面图所示，它们由不同大小的石块和沙砾组成，然后填充种植土以便种树。所用石块尺寸越大，最终效果就越好。

地层

观察假山的岩石表面，它们大多模拟自然的地质层。生长在地面上的纤弱的高山植物很容易被忽视，但这种分层效应有利于游客相对近距离地观察植物。

植物

保持植物和假山之间的平衡至关重要：很多假山看上去要么全是石头，要么全是植物。除高山植物之外，我们会看到其他植物，包括蕨类植物、块茎植物和矮生型针叶树。

位置

许多园林中都有精致的假山区域，而不单单只有巨大的独立的露石。用岩石镶边的台阶，看起来效果很好，用一块块土壤建造的矮墙也为种植提供了方便。

从 18 世纪中叶开始，展现园林建筑特色的需求如此之大，以致于诸如雕像等古典装饰设计的复制品开始大量制造。许多很好的雕像，是由伦敦科德夫人的人造石厂制造的，这个工厂是 1769 年由埃利诺・科德夫人创立的，其特色在于生产石材的精细工艺。1848 年詹姆斯・普汉和他儿子的英国景观园艺公司推出了专有的 pulhamite 石，这是一种非常逼真的人造水泥基复合材料。

科德石瓮

位于英格兰萨默塞特的赫斯达科姆花园的这个科德石瓮，精致的细节使得整个花园更富有魅力。

科德石产品

科德夫人公司的生产项目囊括了一个很大的范围：包括纪念碑、盾徽、雕像和无数的大瓮、花瓶。注意图中支撑这个浑天仪的石柱底座，以及其表面精美的雕刻。

科德石

用科德夫人公司模具成型的人造石是一种大批量生产的陶瓷制品（科德夫人的女儿埃利诺将其业务一直做到 1813 年）。这正是只有依靠质量才能赢得生存和喜爱的例证。

Pulhamite 石材

许多英国维多利亚时代的精致石雕作品都使用普汉家族推出的 Pulhamite 石材（包括那些在白金汉宫、伦敦和萨里威斯利的花园里的石雕）。有些作品是混合天然材料和人造石材建造的，虽然两者之间很难分辨出来。

Pulhamite 产品

普汉家族生产的假山、石窟、洞穴和瀑布由标准砖块或瓦砾做基础，用他们的波特兰水泥石混合材料覆盖在上面，然后通过上色来模仿当地天然石材的质感。和科德石一样，用 pulhamite 石建造的产品也具有很高的耐久性。

很多园林都建有圈养各种野生动物和家畜的地方。例如马厩（后来演变成取代马车的汽车车库）、鹿屋（有时候规模还很大），甚至豪华犬舍、鸽塔、养蜂场、大鸟笼都很常见。非常华丽的小型动物园就更是奢侈品了，甚至还有在不同时期都十分流行的示范奶牛场，但是一般维持时间都不长。这些动物的房屋构成了园林设计的一部分，但大多数的位置是远离主体建筑的。

协调工作

养蜂场是蔬菜、牧草和水果园的完美补充，这是因为勤劳的蜜蜂对农作物授粉至关重要。

鸽塔

鸽塔的历史可以追溯到古罗马时代，其最典型的形式是一个圆形的石塔或砖塔，高墙上面分布有巢孔，每一个都有一处栖息点和供起落的边界。现代的鸽塔往往是木制的，通常被漆成白色。

养蜂场

在园林里你可能看到独立的蜂巢、养蜂场（存有蜂巢的区域）以及蜂房（掩蔽蜂箱的构筑物）或蜜蜂龛（一个嵌入墙体的拱形壁龛，用来保护传统蜂箱）。

鸟舍

像鸽塔一样，鸟舍的历史可以追溯到古罗马时代。在中世纪，鸟舍是一种巨大的财富象征，用来展示主人从国外旅游带回来的各种稀有品种。但后来鸟舍的人气不断下滑，导致现在许多是空的。

鸟浴盆

现在人们喜欢观察鸟在天空自由飞翔、筑巢、喝水。为此，许多花园设置了各种各样的筑巢箱、鸟食台、饲养装置、鸟浴盆等。鸟浴盆通常就是安装在装饰基座上的一个浅浅的水盆。

在所有类型的园林里都能发现雕塑，其设计不尽相同，并且根据不同的情况被安置在不同的地方。从意大利文艺复兴时期起，一些最为精致非凡的大型塑像设计出现在宏大的意大利园林和法国园林里。那时，大理石和青铜是备受青睐的材料。在欧洲北部的园林和美国的园林中，材料往往受到更多的限制，所以石材和铅的运用更为普遍（其色调更适合于冷光源）。在现代的园林景观中，也经常在合适的位置展现当代雕塑作品。

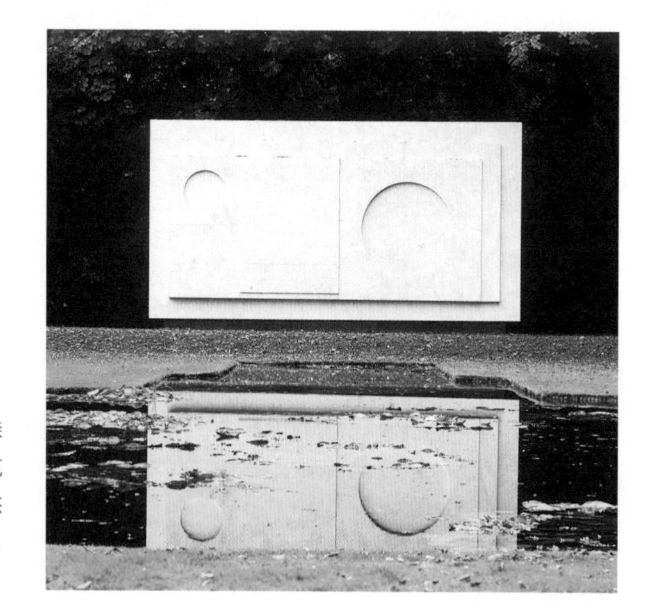

萨顿普莱斯，萨里郡，英格兰

该雕塑由本 · 尼克尔森设计完成，被称为尼克尔森墙，在杰弗里 · 杰利科设计的方案项目中，成为其点睛之笔。

主题

园林雕塑所描绘的可能是你意想不到的主题，这个主题可能几乎与它的环境没有关系。试想一下这样做是否已经达到戏剧性的效果，是否产生某种严肃的历史关联性，或者仅仅是一个有趣的声东击西/偏离？

动物

动物雕塑是长期流行的一种雕塑类型，它可能非常大（看看神话中的生物，如中国龙、独角兽、狮鹫）或非常普通，例如狩猎的动物或忠诚的宠物。

材料

仔细观察雕塑是用什么材料做成的。最奢华的雕塑是用大理石雕刻的。用青铜和铅铸造的作品数量庞大，和人造石或水泥作品一样多。现代作品多由各种各样的材料组成。

索马里兹 · 马诺尔艺术公园，根西岛

这些现代风格的青铜塑像，斜倚在一个简单的石板上，呈现一种很放松的状态，这与过去传统的群体塑像有很大不同。

雕像，或象征性雕塑，其历史可以追溯到古希腊和古罗马时期，这些艺术作品中的典范（被复制最多的）称得上前无古人、后无来者。受欢迎的创作题材包括神、女神、帝王和英雄。我们会在各类园林中看见有象征意义的作品，从晦涩的、有寓意的，到古怪的甚至是可笑的。这些作品题材选择的内容和品质在某种程度上会影响整个园林的基调和意境，这是其他设计元素很难做到的。

寓言

找找那些模仿古典主义风格，将某些理想或活动以人格化的方式展现出来的例子。塑像中的调色板和笔刷可以提供给观众一些线索：图中这个塑像代表了某种绘画艺术。其他受欢迎的还包括那些和音乐与建筑有关的塑像。

主题

描绘传统田园生活形象的雕像特别适合放置在花园中。这些主题从孤独的农场女孩到嬉戏的情侣，还包括自由模仿洛可可绘画中逍遥自在的孩童。

支撑

肖像、胸像通常安装在基座和柱体上，也可以设置在拱形或椭圆形的壁龛里。一个矩形柱或锥形基座可以让人、动物或神话人物的雕塑获得稳定的支撑。

有时在私家园林和公共公园里能见到陵墓、墓穴和纪念死者的纪念碑。其中最著名的要数印度的泰姬陵，它实际上是一座墓地园林。18 世纪末，尤其是在英国园林中，为过去的民族英雄和文学人物建立纪念碑成为一种风潮，目的是唤起游客对死亡的沉思。这个传统一直延续，在伦敦的海德公园里就有为纪念威尔士王妃戴安娜而设立的喷泉。

陵墓，波伍德屋，威尔特郡，英格兰

这座由罗伯特 · 亚当设计的建筑，营造了一种忧伤的氛围。这房子是兰斯多恩家族的陵墓。

纪念碑

有简单的在墙上题字的纪念碑，也有更大的独立式纪念碑。后者的顶端通常有石头雕刻成的骨灰瓷，用以纪念某个事件或人物。

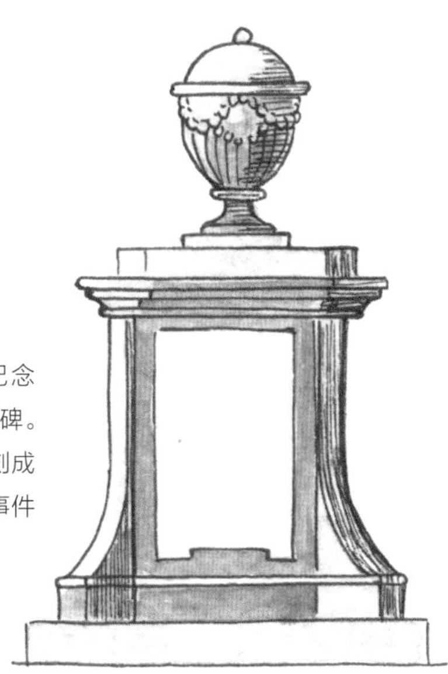

动物的坟墓

你有时可能会遇到一个杂乱无章的小墓碑群，它们隐藏在花园幽静的林荫角落。这些墓碑上往往都写有名字和日期，这些就是动物的坟墓，它们可以用来唤起主人对于逝去宠物的回忆。

瓮和花瓶两个词常常交替使用。不同于植物容器，瓮和花瓶除了偶尔作为纪念或悼念物品使用，是纯粹的装饰性元素而没有功能性。它们在设计和规模上可以有很多变化，可以是中空的、实心的、敞开的或有封闭的顶部或盖子。一个非常典型的例子：如果把瓮安装在底座上并放置于视线末端，就可以在园林中提供一个视觉焦点。将瓮放置在其他位置，如放置在栏杆顶部或是阶梯两侧也很常见。

简单而有效

这种基座型装饰瓮与树篱、草坪的组合搭配，其作用主要是对人们活动范围的限制，此做法一年四季都同样有效。

材料

瓮和花瓶都是有高度的物体，通常由铅、石材和陶土做成。图中这个铅瓮上的狮头是一种非常典型的设计图案。

设计

图中这种有华丽装饰的花瓶,如果用鲜花和枝叶填满，只会破坏其鲜明的轮廓。为了达到最好的效果,需要仔细选择它在花园里的摆放位置。

基座

很多瓮和花瓶都安装在一个基座上，以增加整体高度和身量。通常，瓮和基座被视为单独的设计，两者同样具有装饰性。

希腊式花瓶

古希腊风格的大型石制花瓶，最初起源于古希腊、西班牙和意大利，它在许多园林中都可以成为引人注目的焦点。虽然与许多其他瓮和花瓶相比，它在设计上更简单，但其体积大，色彩纹理丰富，所以不需要再用花和植物来装饰。

在世界各地的众多园林里，种植容器都是极其重要的组成部分。事实上，在庭院园林中，种植容器往往只提供了植物和花卉生长的一种方式。种植容器的制作有传统的，如陶瓷（无论是有色彩缤纷的装饰釉还是无釉的）、陶瓦、石材或铅，也有现代的，如不锈钢或玻璃纤维。前者随着时间的推移，会获得锈迹斑斑的艺术效果，而较新的材料则保持一种尖锐犀利的视觉感。在 19 世纪，尽管铸铁容器容易生锈，但仍被大批量生产。

传统的种植容器

石制容器总是能给花园增添一种魅力和品质。它更适合规则式的设计，如这个花坛里的容器。

无釉陶土

陶土花盆已经产生了数千年。虽然这种材料在花园里的运用广受称赞，但是它们也有自己的缺点：未上釉的陶土一般是多孔的，需要给植物频繁地浇水，而且容器也有受霜冻而损坏的风险。

石材

石材分为天然石材和人工石材，是最常用的制作容器的材料。在不同时期都可以找到装饰性极强的石制容器作品。它们可能有华丽的基座和支撑，例如这个负担沉重的天使。

金属

像陶土和石材一样，金属材料，例如铅、青铜和铁，在花园里随着时间的流逝会愈发美丽。寻找可回收的材料如蓄水池和旧的大铜锅，它们都可以成为眼下极有吸引力的种植容器。不锈钢是当代设计中很流行的一种材料。

木材

木材比其他材料更需要细心的维护，但它最终还是会腐烂。刷防腐漆和涂防腐剂都有助于延长其寿命。木制容器很流行，它们往往体量巨大，用来种植树木和灌木。

园林中的植物花盆和种植容器有着不同的设计方式，但看上去都有着类似的形状。这些传统设计经历了潮流的变迁，通常有其特定的用途。意大利文艺复兴时期的园林中常常大量使用花盆。这些花盆会被放置在视觉焦点上，或排列成行。充满枝繁叶茂的植物的花盆美丽动人，层层摆放在楼梯和水池边。外观简陋的住宅如果在窗台放置一两个花盆，能大大提升它的景观效果。

自然搭配

这种集中摆放的陶土盆，简单质朴，提升了旁边这种乡村风格的藤编座椅的品质，在风格和功能上两者达到了和谐统一。

设计

宽而深的传统陶土花盆适用于种植柑橘树。其他的类型包括那些有孔洞（适合草莓）和浅半锅（适合高山植物）的花盆。高挑纤细的花盆，被称为 Long Toms，可以促进根系的发育。

花槽

矩形花槽往往都有精致的装饰线条，如垂挂绳、弧线、花饰等，如果高出地面还可能有配套的支撑。凡尔赛风格的花槽的特点是：上漆的木质盒子，四个角上有尖顶。

分层花架

图中特殊的种植容器，设计成几种植物分层的布置，很有吸引力。这种容器通常用华丽的铁艺或木条来装饰，人们尤其喜欢把它装饰在温室花房、冬季花园或更大型的玻璃房里。

和谐

思考一下，如果容器和种植的植物之间是和谐的，它们又是否和周围环境相协调？现代园林往往需要“浓墨重彩”的建筑造型和光滑的材料，如不锈钢或镀锌钢，但是如果种植容器也选用强烈的色彩，则需要用心布置。

特征•休息座椅

由于许多园林是休闲、玩耍、享乐的地方，所以自然而然需要充分考虑提供给游客舒适的休息设施。很难见到哪个公园不提供可观赏风景的遮阴的座位或是长凳。为了与其他的建筑风格相协调，园林家具一直受到时尚潮流周期性变化的影响。注意某个地点的园林家具的选择是只考虑到视觉效果还是舒适度，还是两者兼有？

意外

寻找新奇的设计，例如这个可爱的天鹅座椅。作为一个只能短暂休息的园林设施，座椅通常是表现想象力的一个契机。

位置

几乎在所有类型的园林里都能找到长椅。这种简单的座椅对全世界的公园和园林来说都是非常实用的设施。如果把长椅用心安排到合适的位置，它会成为景观中一个自然休息点的标志（无论实用性上还是视觉上）。

风格

最理想的家具风格要能够体现园林的整体风格。19 世纪，英国崇尚哥特式风格的热潮催生了大批量精心制作的铁艺桌椅和长凳，这也注定了中产阶级的花园具有浓浓的哥特风情。

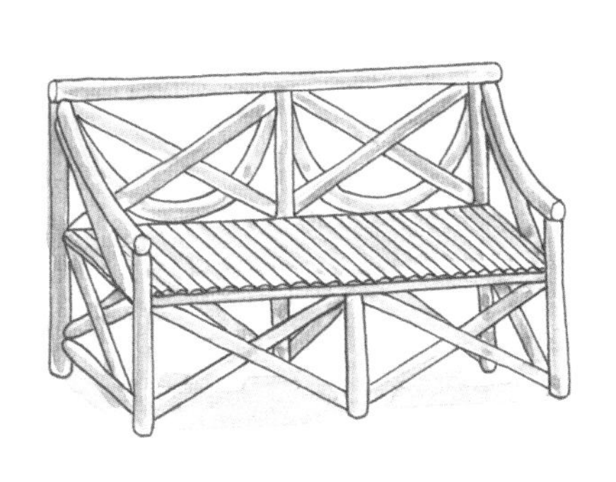

材料

未上漆的硬木用在任何室外设施中都会有种亲和力，它的外观会随着时间的推移而逐渐完善。例如橡木，随着时间的推移逐渐变成银色。这种简单的设计几乎在任何地方都会获得完美效果。

新颖

园林家具的设计特点在于无尽的创意。把摇摆座椅设置在牢固的支持架上，可以增添欢乐和嬉戏的氛围。这种座椅通常被安置在可欣赏到美丽景色的地方，有一些还设置了色彩鲜艳的遮阳棚。

花园平台

铁艺家具不仅设计精美还坚固耐用。这种家具适用于一系列的花园设计。

有时，园林家具的材料的选用需要富有想象力，才能更好地保证设计的创新性。在运用耐磨型和重型的材料如石材、木材和金属的同时，使用重量更轻的材料如精细的铁丝，可以获得更为微妙的效果。不同类型的编织类家具常常用在花园和温室里，坐上去很舒服。这种古老的技艺是通过把一股股的材料编织到一起，如树枝、藤条、柳枝等，从而制成了令人惊喜的家具。

简单的坐凳

意大利文艺复兴时期的坐凳是最好的园林家具之一。一块大理石石板，下面有手工雕刻的基座支撑，没有几个座椅可以与之媲美了。遗憾的是，模仿此类石材的混凝土浇筑版本比比皆是，且常常选址不当。

推车座椅

这种座椅既实用又有趣，正如其名称所暗示的一样，在花园里可以把它从一个地方推到另一个地方，就像一个手推车。它可以方便闲不住的游客去寻找阳光或树荫，在花园里休息或闲逛。

乡村风格

偶尔能发现有着自然特征的户外家具，像这棵用作桌子基座的老树，类似于树桩群和根屋的创意。这种乡村风格的家具和规则式园林的家具相反，它试图模糊园林和自然之间的界限。

树座椅

这种令人惊喜的树座椅的概念，也是把人与自然紧密联系起来的另一种尝试，就像一座树屋。坐在上面的人可以享受被树包围的感觉，同时它也具备实用性，坐上去也很舒服。

日晷、浑天仪和风向标这类仪器，能够增加园林的吸引力。有日晷的记录可以追溯到公元前1500年前后，浑天仪则可以追溯到公元前250年左右。现在它们的原有功能基本上是多余的，更多的是作为一种装饰性元素，提供小规模的景观焦点。日晷可以唤起游客对于时间流逝的思考以及对逝者的怀念。铭文常常也是其整体设计的一部分，在英格兰苏塞克斯的拉迪亚德·吉卜林花园中的日晷上就刻有铭文：“它永远比你想的要晚。”

视觉中心

浑天仪可以给这个规则式花园提供一个明亮、轻快的视觉中心，其位置通过远处装饰繁复的瓮得以强调。

日晷

日晷是利用太阳的影子告知我们时间的仪器。表盘上（通常由青铜制成）标有时间，而直立的部分（指时针）投下影子。

设计

日晷有不同的设计，可以水平安装在一个底座上或垂直安放在一面墙上。底座制作精美，可以雕刻成具有寓意的形象，如时间之父。它们当然也必须被放置在阳光充足的地方，按照传统做法，它们还会被规则的玫瑰园所环绕。

浑天仪

浑天仪是由同心金属环连接而成的。浑天仪代表了天文学上的天球。在花园里它们通常被安装在一个底座上。浑天仪特别适合小花园，容易形成引人注目的焦点。

风向标

风向标的特点是具备指南针及各种装饰图案。旋转的风向标指示方向，有时也显示风速。它们高耸在许多类型的建筑物顶端，包括园林里的建筑。在美国，有种类似于风向标的仪器，是木制的，称为陀螺仪。

致 谢

ACKNOWLEDGEMENTS

感谢所有IVY出版社成员对我的帮助、支持和鼓励，特别是斯蒂芬妮·伊万斯，杰森·胡克、卡洛琳·厄尔、迈克尔·怀特海德、凯蒂·格林伍德和彼德·布里奇沃特，他们是多好的团队啊！特别感谢朱丽叶·尼科尔森的如此特别的序言。还要谢谢珊瑚穆拉，感谢她所提供的效果非凡的插图。最后，我要感谢所有的园林主人，还有在花园里不知疲倦、辛劳工作的园丁。不论大小，不论公私，他们慷慨地打开大门，允许我进去随意参观，这对我来说是种莫大的荣幸。